식물학자 윤경은 교수와
우리집 정원 만들기

식물학자 윤경은 교수와
우리집 정원 만들기

저자_ 윤경은

1판 1쇄 인쇄_ 2007. 4. 25.
1판 7쇄 발행_ 2020. 6. 11.

발행처_ 김영사
발행인_ 고세규

등록번호_ 제406-2003-036호
등록일자_ 1979. 5. 17.

경기도 파주시 문발로 197(문발동) 우편번호 10881
마케팅부 031)955-3100, 편집부 031)955-3200, 팩시밀리 031)955-3111

저작권자 ⓒ 2007 윤경은
이 책의 저작권은 저자에게 있습니다. 저자와 출판사의 허락 없이
내용의 일부를 인용하거나 발췌하는 것을 금합니다.

COPYRIGHT ⓒ 2007 by Yoon, Kyeong Eun
All rights reserved including the rights of reproduction
in whole or in part in any form. Printed in KOREA

ISBN 978-89-349-2453-1 13520

홈페이지_ www.gimmyoung.com   블로그_ blog.naver.com/gybook
페이스북_ facebook.com/gybooks   이메일_ bestbook@gimmyoung.com

좋은 독자가 좋은 책을 만듭니다.
김영사는 독자 여러분의 의견에 항상 귀 기울이고 있습니다.

식물학자 윤경은 교수와
우리집 정원 만들기

윤경은 지음

김영사

사람들은 한 뙈기 땅을 자신의 생각과 의지대로 꾸며놓는다.

여름을 기대하며 자신이 좋아하는 과일과 색과 향기를 창조할 수 있다.

작은 꽃밭, 몇 평 안 되는 헐벗은 땅을 갖가지 색채의 물결이 넘쳐나는

천국의 작은 정원으로 만들 수 있는 것이다.

- 헤르만 헤세 -

프롤로그

내가 어렸을 적에는 집집마다 자그마하고 정겨운 꽃밭이 있었다. 특별히 디자인되거나 잘 정돈된 정원은 아니었고, 대부분 빈터에 채송화, 봉선화, 백일홍, 나팔꽃 등과 함께 저녁이면 분꽃이 피어나던 소박한 꽃밭이었다. 아이들은 그 꽃밭에서 따온 꽃이나 잎으로 소꿉장난 식단을 풍성하게 했다. 옥잠화나 비비추같이 넓고 매끈한 잎은 가늘게 썰어 국수를 만들었고, 뒤꼍에서 호박꽃을 따다 달걀 고명으로 얹었으며, 부서진 벽돌조각은 갈아서 고춧가루로 뿌렸다. 그러나 요즘 그런 꽃밭은 주위에서 찾아보기 힘들어졌다. 대부분의 주거 형태는 고층의 아파트나 다세대 주택이 되었고, 일반 주택이라도 개인 소유의 잘 디자인된 정원으로 발전하였다. 결국 내 어린 시절에 보았던 정겨운 꽃밭은 '아빠하고 나하고 만든 꽃밭에…'라는 동요 속에서나 만날 수 있는 풍경이 되어버렸다.

    나는 일곱 살 무렵 이사했던 대방동 집의 뜰을 기억한다. 내 기억의 사진첩에 특별하게 남아 있는 그 뜰에는 커다란 벚나무가 있었다. 나는 곧잘 그 나무에 기어올라가 송진을 땄다. 무슨 멋이었는지 송진에 침을 발라 거미줄같이 가는 실을 만들고는 새끼손톱에 씌워두었다.

    또한 버찌 열매를 잔뜩 따먹어 이를 시퍼렇게 물들이기도 했다. 뜰 한가운데에는 가운데 구멍이 둥그렇게 나 있던 단풍나무가 한 그루 서 있었다. 지금 생각해보면 단풍나무를 유인한 뛰어난 기술이 감탄스럽지만, 그 시절에는 내 키에 맞게 뚫린 구멍 사이로 들락거리던

놀이만으로도 얼마나 즐거웠는지 모른다. 가을이면 아버지는 감을 따서 까만 쟁반에 담아 아이들 손이 닿지 않는 옷장 위에 올려놓았고, 나는 그 쟁반이 내려올 날을 목이 빠지게 기다렸다.

그리고 무엇보다 뚜렷한 그림은 어느 해 여름 단풍나무 앞에 활짝 피었던 나팔꽃을 닮은 듯한 분홍색 꽃의 아름다운 물결이다. 나는 이름도 모를뿐더러 이듬해에 발발한 한국전쟁으로 다시 볼 수도 없게 됐던 그 꽃을 미국 유학 시절 어느 집 정원에서 발견하였다.

그 꽃은 바로 피튜니아였다. 지금은 흔한 꽃이지만, 그 시절에 어떻게 우리 집 꽃밭에서 만발했는지 궁금하지 않을 수 없다. 아마도 선교사들을 통해 우리 집에까지 왔다고 짐작된다. 어린 시절의 많고 많은 기억 가운데 유독 그해 그 정원의 모습이 생생히 각인되었다는 것도 너무 신기하다.

그 후로 몇 번인가 이사했지만, 가는 집마다 아버지의 정성으로 늘 나무와 꽃이 많았다. 다양한 꽃식물뿐 아니라 결구상추, 토마토, 가지 등의 채소도 심었고, 가을이면 배추나 무를 수확하던 기억도 있다.

이렇듯 꽃과 나무들과 함께하던 어린 시절의 환경은 나로 하여금 식물에 대해 지속적인 관심을 갖게 했고 식물생리학을 전공해 평생을 식물 속에서 살게 했다. 하지만 연구 목적만으로 식물을 키우다보니 언젠가는 마음껏 농사를 지어보고 싶다는 욕심이 생겨났다. 그러다 지난 1988년에 드디어 그 꿈을 실현할 행운을 맞아 이천에 작은 농장을 마련했다.

그러나 농장 가꾸기는 그리 쉬운 일이 아니었다. 아버지가 꽃 가꾸시는 모습을 늘 보아왔고, 내 집 마당에도 나름대로 여러 가지 정원수와 꽃을 심어 길러왔지만, 논과 밭이 있는 땅은 어떻게 관리해야 할지 엄두가 나지 않았다.

땅을 마련한 후 몇 해 동안 계속해서 묘목을 사다 심어도 다음해에는 흔적도 없이 사라지곤 했다. 묘목이 너무 작아서 잡초와의 싸움에서 졌나보다 생각하고 다음해 식목일 즈음이면 다시 사다 심곤 했다.

그렇게 몇 년이 지나자 우리가 심은 묘목이 사라지는 이유가 단지 잡초 때문만이 아니라는 것을 깨닫게 되었다. 우리 땅에 옥수수를 심었던 이웃 목장 아저씨가 한여름이면 자기 목초지를 제외한 모든 곳에 제초제를 뿌렸고, 봄에는 쥐불을 놓아 어린 묘목들이 살 수 없었던 것이다. 또 한 가지 잘못은 시기적으로 다소 늦은 식목일을 기준으로 묘목을 심었다는 데 있었다. 뒤늦게 알게 되었지만 나무는 보통 4월 초순에서 중순에 걸쳐 심는데, 경기 지방에서는 3월 20일 정도에 심는 것이 가장 좋다고 한다.

나무 심기만 시행착오를 겪은 것이 아니었다. 비가 온 후에는 땅이 질척한 상태가 오래갔는데, 이는 배수에 문제가 있었기 때문이다. 비가 많이 오거나 장마가 지면 상황을 지켜보며 물길을 터주고 도랑도 만들어줘야 하는데, 단순히 배수관을 묻고 객토를 하다보니 늘 문제가 있었다. 그러던 어느 해 여름 남편 친구의 도움으로 전문가에게 부탁해 농장 전체의 지표면 정리를 새로 하면서 많은 문제가 해결되었다.

여러 가지 시행착오를 겪으면서 천천히 안정되어가는 농장을 보며 많은 것을 배우고 느꼈다. 원예 활동이란 언뜻 내가 원하는 식물을 내 뜰 안에 심는 작업이라 무엇이든 할 수 있을 것 같지만, 사실은 주어진 대자연의 조건 아래에서 약간의 조작만이 가능할 뿐이다.

예를 들어 나는 봄소식을 먼저 전한다는 노루귀를 눈에 잘 띄는 뜰 한가운데에 심었는데, 그 자리가 하필 햇빛이 유난히 잘 드는 곳이라 몇 해가 지나도록 제대로 꽃을 못 피우고 있다. 그늘에 심어주었으면 행복하게 잘 자라 여러 포기로 늘어나면서 귀여운 꽃을 매년 보여주었을 텐데 말이다. 지금은 보잘것없이 줄어든 포기를 시원한 그늘로 옮겨주고 내년을 기대하고 있다.

반면 양지식물인 동자꽃은 몇 해 잘 피었는데, 가까이에 심었던 홍매화가 자라 그늘을 드리우기 시작하면서 빛을 찾아 콩나물같이 목이 길어지고 연약해졌다. 이 같은 식물의 모습을 보면서 사람 역시 멋진 꽃을 피울 만한 재목이라도 적당한 곳에 있지 않으면 제 능력을 맘껏 발휘하지 못하고 시들어버릴 수도 있겠다는 생각이 들었다.

나는 식물 기르기에 쏠쏠한 재미를 느끼는 반면, 밭갈기나 잔디 깎기 등의 힘든 농장 노역을 담당하는 남편은 틈틈이 포도주 담그기를 연구해서 이제는 포도주 제조 전문가가 되었다. 나는 농장에서 포도주를 비롯한 각종 과일주를 담그는 작업에 조수로서의 역할도 하고 꽃 가꾸기에 전념하면서 즐거운 나날을 보내고 있다.

지금은 틈틈이 농장 일을 하면서 아름다운 정원 가꾸는 법을 보다 많은 사람들에게 알려주기 위해 필요한 사진과 그림 자료를 모으는 중이다. 제자들의 도움을 받고 있지만, 내 손으로 직접 찍고 그릴 수 있었으면 좋겠다는 생각이 들어 꽃 그림 그리기와 사진 찍기를 열심히 배우고 있다.

오늘날 미국의 유명한 작가로 정원이나 여성을 위한 여러 가지 아이디어를 글로 펼쳐내는 에밀리 반스(Emilie Barnes)가 제일 처음 가졌던 정원은 고구마 조각이 담긴 자그마한 마요네즈 병에서 시작되었다. 그녀는 어렸을 때 어머니가 운영하던 의상실 뒤편에 있는 작은 방에서 자랐는데, 그곳은 화단을 만들 한 뼘의 뜰은커녕 화분을 내놓을 여유 공간도 없었다.

그런데 어느 날 그녀의 어머니는 빈 마요네즈 병에 물을 채워 이쑤시개를 얼기설기 놓았다. 그리고 그 위에 가느다란 고구마를 한 토막 올려놓고 에밀리와 남동생에게 잘 관찰하라고 하였다. 여름이 되자 작은 고구마 토막에서 움튼 줄기와 잎은 부엌의 창문에 커튼을 드리울 정도가 되었다. 고구마 정원은 보잘것없었던 작은 부엌을 아주 특별하게 만들었고, 그 창을 통해 들어오는 빛도 이전과 달리 평온하면서도 생기 넘치는 느낌이었다.

또 어머니와 함께 길을 걷다가 콘크리트 화분에 심어놓은 팬지 꽃을 보면 몇 송이씩 따다가 식탁을 장식하기도 했다. 결국 그녀에게 넘치는 감성과 창의력을 심어준 것은 바로 가난했던 어린 시절에 어머니가 만들어준 고구마 넝쿨 정원이었다.** 그래서 나는 학생들에게 결혼해서 부모가 되면 환경에 구애받지 말고 꽃밭을 만들어 가꾸면서 아이들에게 마음의 꽃밭을 일구게 해야 한다고 늘 강조한다.

가끔 졸업생들이 찾아와 식물을 잘 키우는 방법에 대해 이것저것 묻곤 한다. 그러면 나는 "식물생리학에서 배웠듯이 빛, 온도, 수분, 토양 조건을 잘 맞춰주고, 특히 물을 많이 주지 않으면 된다"며 자신감을 가지라고 말하지만, 이 대답이 얼마나 막연한지는 내가 더 잘 알고 있다. 30~40년 동안 식물을 연구하고 키우는 나 역시 해결하지 못하는 곤란한 문제에 직면할 때가 많다.

이렇듯 식물을 잘 길러보고 싶어하는 사람들을 위해 내 경험과 문헌을 토대로 《우리집 정원 만들기》라는 원예백과사전을 만들어보았다. 이 책은 어디까지나 참고서일 뿐이며 상황에 따라 식물을 키우는 방법은 다를 수 있다. 부딪쳐보고 스스로 문제를 해결하는 과정을 통

** Barnes, Emilie, *Time Began in a Garden*, Eugene : Harvest House Publishers, 1995

해 더 큰 기쁨을 얻을 수 있을 것이다.

나는 총장직을 맡기 전부터 자료를 모으고 원고를 정리하며 '난'을 주제로 한 책 출판을 생각하고 있었다. 하지만 분량은 많고 독자층이 넓지 않은 전문적인 서적이 될 것 같아 일반인들을 위한 실용 위주의 얇은 책으로 다시 고치려고 했다. 그런데 김영사의 박은주 사장이 원안대로 책을 내는 것이 우리가 할 일이라고 말씀하시는 것을 듣고 김영사를 다시 생각하게 되었다. 애정을 가지고 좋은 책을 만들어 보려는 김영사 여러분께 감사한다.

이 책에 나오는 사진들은 대부분 우리 농장과 제자 정소영 박사 집에서 촬영한 것이다. 정소영 박사는 어려서부터 꽃, 정원, 동물에 깊은 관심을 가져 대학교에 다닐 때부터 원예생활에 심취해 있었다. 현재 수동의 전원주택은 여러 사람들에게 보이고 싶을 정도로 아름답다.

이 책이 나오기까지는 여러 사람들의 숨은 도움이 있었다. 제자들 중 사진을 찍어준 유진희, 용기 작품을 해준 김희성 박사, 세밀화를 도와준 김보경에게 감사한다. 특히 나에게 세밀화를 지도해주시고 격려해주신 권영애 선생님께 감사드린다. 끝으로 책이 나올 수 있도록 학술연구비를 지원한 서울여자대학교에 감사한다.

2007. 4. 윤경은

• 차례 •

프롤로그 4

도전! 내가 갖고 싶은 정원 만들기

사시사철 봄을 만나다, 실내정원 · 18
행복을 가져오는 실내 식물 | 실내 식물의 공기 정화 능력 | 실내 식물의 선택 요령 | 실내 식물의 건강 관리 | 실내 정원 꾸미기의 첫 단계, 화분의 정돈 | 좁은 실내 공간의 입체적 활용

집안을 화사하게, 발코니정원 · 35
발코니를 꾸미는 다양한 방법 | 어떤 식물을 심을 것인가 | 발코니 정원의 시작 | 식물의 배치 | 식물의 관리

자투리 공간도 알뜰하게, 손바닥정원 · 44
정원을 꾸미기 위한 사전 점검 | 어둡고 습한 공간의 변신 | 지붕과 반지하의 재발견 | 좁은 공간의 효율적 활용 | 좁은 곳을 넓어 보이게

꽃의 여왕, 아름다운 장미정원 · 55
장미의 종류 | 까다로운 장미 관리법

몸과 마음을 풍성하게, 채소정원 · 70
상추 기르기 | 방울토마토 기르기 | 고추 기르기 | 오이 기르기 | 콩 기르기

골라 기르는 재미, 허브정원 · 84
식용 허브에서 미용 허브까지 다양한 허브의 종류 | 허브 정원의 계획과 재배 | 허브의 수확과 보관

마음까지 시원해지는 그늘정원 · 105
그늘진 자리 제대로 알기 | 그늘 정원의 디자인 | 그늘 정원의 관리

연꽃과 물고기가 노는 물이 있는 정원 · 121
미니 연못 | 연못 만들기 | 수중 모터의 비밀 | 습지 정원

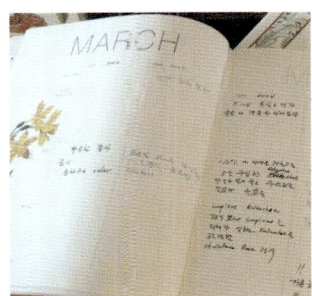

우리집 마당에 꾸미는 미니 식물원

정원을 만들기 전에 · 136
철저한 사전 조사는 필수 | 우리 집에는 어떤 정원이 어울릴까?

내 취향에 맞는 정원 디자인하기 · 141
정원 설계의 유의 사항 | 디자인의 구성 요소

정원 작업시 체크 리스트 · 146
땅 고르기 | 배수의 문제 | 경계의 마무리 |
보도 및 디딤돌 놓기 | 층계 만들기

집에서 즐기는 삼림욕, 나무정원 만들기 · 154
나무의 선택 | 나무 심기와 간격 | 정지와 전정 | 전정 요령 |
과일나무가 있는 정원 | 덩굴성 식물을 이용한 정원

우리 가족과 함께하는 꽃밭 만들기 · 170
꽃밭을 위한 사전 점검 | 한해살이와 여러해살이의 조화 |
야생화 기르기 | 구근 기르기

우리집 미니 운동장, 잔디정원 만들기 · 184
잔디의 선택 | 잔디에 적당한 토양 | 잔디 심기 | 잔디밭 가꾸기

정원을 풍요롭게 가꾸기 위해 꼭 알아야 할 것들

식물에 대하여 배웁시다 · 198
다양한 식물의 종류 | 식물의 이름에 숨겨진 중요한 정보들

식물에게 꼭 필요한 네 가지 요소 · 207
햇빛 | 온도 | 수분 | 토양

초보 정원사를 위한 기초 재배 기술 · 217
좋은 흙 만들기 | 씨뿌리기와 육묘 | 물 관리 |
영양 관리 | 식물 늘리기

유기농사 짓기 · 243
땅을 일구지 않아도 채소는 자란다? | 친환경 제초 작업 |
예방이 제일이다 | 궁합이 맞는 식물 | 돌려짓기의 필요성

부록 253
1. 정원용 수목의 특성
2. 화단용 주요 초화류의 특성
3. 용어 해설

Chapter 1

Chapter 1

도전! 내가 갖고 싶은 정원 만들기

현대의 발전된 문명은 편리함과 신속함으로 역동적인 도시 생활을 누리게 해주는 반면 마음의 여유를 잃어가게 한다. 또한 획일화된 삶의 공간과 일터에서의 숨 막히는 생활은 현대인으로 하여금 자연을 더욱 그리워하게 만든다. 경제적 발전과 더불어 모두가 잘사는 방법을 이야기하고 있다. 특히 웰빙 바람과 함께 다양한 원예 활동과 숲 체험 등에 대한 관심이 커지고, 안전한 먹을거리를 위해 손수 농사를 지어볼 꿈을 키워가면서 자연을 그리워한다. 자연을 내 생활 속으로 끌어들이는 작은 활동은 답답한 도시 속에서의 삶을 풍요롭게 할 수 있다. 평범한 일상으로 자연을 끌어들여 넉넉한 삶을 꾸려보자.

사시사철 봄을 만나다, 실내정원

도시 곳곳에 우후죽순으로 들어서는 고층 건물과 아파트는 겉모양이 아무리 화려해도 삭막함으로 다가온다. 잘 설계된 조형미가 결코 부족해 보이지는 않지만, 녹색 자연의 싱그러운 바람을 마시지 못하는 우리는 아주 작은 공간에서라도 자연의 숨결을 느끼기를 원한다. 창가나 발코니 또는 집안의 어느 한 구석에서 화초를 키우거나, 재활용되는 각종 용기에 뿌린 채소 종자가 싹을 틔워 직접 재배한 채소로 식탁을 풍성하게 한다면, 도시의 삭막함을 잊고 큰 만족감을 얻을 수 있을 것이다. 실내 정원이란 특별한 형식이 있는 것이 아니다. 가지고 있는 화분을 정리해 정원을 꾸밀 수도 있고, 발코니를 이용한 발코니 정원이나 용기 정원처럼 모든 형식의 재배가 실내에서 이루어지면 바로 실내 정원이 된다.

행복을 가져오는 실내 식물

식물은 사람을 행복하게 만든다. 녹색 식물은 마음을 평온하게 해주고, 식물이 발하는 신선한 냄새와 부드러운 촉감은 반복되는 무미한 일상에 활력을 불어넣는다. 또한 정서적으로 좋을 뿐 아니라 실내 습도의 증가, 유해 물질의 흡수, 이산화탄소 제거와 산소 공급 등의 효과로 건강에 도움을 준다.

한 연구에 의하면 식물을 심고 돌보는 일은 사람의 혈압을 낮추고, 스트레스를 경감시키며, 기분을 좋게 한다고 한다. 때문에 정신과 치료에 원예를 처음 도입하던서 시작된 미국원예치료협회(American Horticultural Therapy Association)에서는 식물 기르기를 치료의 기본으로 삼고 있다. 실내 식물 기르기는 여러 장소에 적용되어 큰 효과를 보았다. 학교에서 식물을 기르면 학생들의 성취도가 증가하고, 사무실에서는 근무자뿐 아니라 고객의 만족도가 증가했다. 뿐만 아니라 녹색 식물은 환자의 치유 기간을 단축시키고 진통제 사용을 감소시킨다는 보고가 있다. 그래서 병원에서도 병실에 직접 식물을 기르지는 않지만 가능한 여러 공간에 식물을 두고 있다.

실내 식물의 공기 정화 능력

새집증후군에 대한 문제가 새롭게 대두되고 있다. 건축 자재 자체가 뿜어내는 오염 물질로 인해 새집증후군이 나타나지만, 그 외에도 우리는 건강을 위협하는 여러 가지 공기 오염원에 노출되어 있다. 복사기가 뿜어대는 오염된 공기가 사무실을 가득 채우고, 가정에서도 프린터, 카펫, 가구, 각종 생활용품, 세제 등이 실내 공기를 오염시킨다.

하루하루 우리의 삶을 위협하고 있는 물질을 어떻게 줄일 수 있을까? 해답은 실내 식물이다. 실내 식물의 잎이 공해 물질을 흡수하고, 식물과 함께 존재하는 미생물이 이물질을 분해하며, 식물이 자라는 화분의 흙 또한 공해 물질을 흡수하거나 분해한다.

•• B. C. 월버튼 지음,
김훈식 · 부희옥 · 천상욱 옮김,
《웰빙, 실내공기정화식물》
(원제 : Eco-Friendly
Houseplants), 문예마당, 2004

실내 식물이 실내 공해 물질을 제거할 수 있다는 사실은 미국항공우주국(NASA)의 연구에서 처음 밝혀졌다. 수많은 공기 오염원이 탑재되는 인공위성의 실내 오염을 줄일 수 있는 방안을 연구하는 과정에서 식물이 오염원, 특히 질소와 포름알데히드를 효율적으로 제거한다는 사실이 발견되었다.•• 예컨대 포름알데히드가 가득 찬 밀폐된 방에 접란 화분 하나를 두었을 때 하루 만에 85%의 포름알데히드가 제거되었다고 한다. 이처럼 몇몇 실내 식물은 아주 효과적으로 일반 가정의 실내 공기를 정화할 수 있다.

실내 오염 물질과 실내 식물

실내 오염 물질
포름알데히드(formaldehyde) : 카펫, 합판, 단열 물질(foam insulation), 신문 등의 종이
탄화수소(hydrocarbon) : 비닐 제품의 가구, 합성세제, 섬유 유연제
이산화질소(nitrogen dioxide) : 보일러, 온수기 등의 연료 연소 시 발생
벤젠(benzene) : 접착제, 페인트
염화메틸렌(methylene chloride) : 페인트 제거제, 에어로솔(aerosols)
트리클로로에틸렌(trichloroethylene) : 잉크, 페인트, 락카, 니스, 접착제

오염 물질을 잘 흡수하는 실내 식물
대나무야자(bamboo palm, *Chamaedorea seifrizii*) : 포름알데히드
드라세나류(*Dracaena*) : 벤젠, 포름알데히드, 트리클로로에틸렌
잉글리시아이비(english ivy, *Hedera helix*) : 벤젠
에피프렘넘(golden pothos, *Epipremnum aureum*) : 포름알데히드
필로덴드론류(*Philodendron*) : 포름알데히드
산세비에리아(*Sansevieria trifasciata*) : 포름알데히드
스파티필룸류(*Spathiphyllum*) : 벤젠, 트리클로로에틸렌
접란(spider plant, *Chlorophytum comosum*) : 포름알데히드

실내 식물의 선택 요령

식물 기르기가 특별한 기술이라고 생각하는 사람이 많다. 그러나 식물을 기르는 것은 그렇게 어려운 일이 아니다. 식물은 빛, 온도, 수분의 3박자만 맞으면 잘 자란다. 빛을 아주 좋아하는 식물이 있는가 하면, 강한 빛에서는 잘 자라지 못하는 식물도 있다. 식물에 따라 온도와 수분을 요구하는 정도도 다르다. 모든 식물의 환경 요구도를 일일이 안다는 것은 어려운 일이지만, 실내 식물을 성공적으로 키우려면 식물의 생육 특성을 잘 알고 식물 선택을 바르게 해야 한다.

실내 식물
실내는 빛이 모자란 경우가 많다. 따라서 양지 식물보다는 필로덴드론류나 접란과 같이 내음 적응력이 뛰어난 식물을 선택한다.

올바른 식물 선택을 위해서는 식물을 구입하기 전에 우선 놓을 장소부터 고려해야 한다. 식물을 오랫동안 건강하게 키우려면 식물이 자라는 데 적합한 장소가 있어야 한다. 그렇지 못할 경우에는 실내 식물을 집안에 들임으로써 계속 스트레스만 받게 된다. 예를 들면 1년 내내, 그리고 하루 종일 빛이 잘 드는 남쪽 창가에 식물을 놓으려면 반음지 식물인 아프리카제비꽃이나 아프리카봉선화보다 선인장, 꽃기린, 히비스커스 등과 같은 양지 식물을 택해야 한다. 반면에 빛이 부족한 곳에 선인장 등의 양지 식물을 심으면 가늘고 약한 보잘 것없는 식물이 되어버린다. 이러한 장소에는 필로덴드론이나 에피프렘넘과 같이 잎이 무성하고 아름다운 식물을 길러 꽃을 대신한다. 스파티필룸과 안수리움은 그늘에서도 꽃이 아름답게 핀다. 그러나 잘 자라던 이들 식물(고온성 식물)도 겨울이 되어 바람이 창틈으로 스며들면 추워서 제대로 자라지 못한다. 이와 같이 온도가 낮은 실내에는 팔손이나 아라우카리아와 같은 저온성 식물이 적합하다.

두 번째로는 집안의 규모를 고려해야 한다. 호텔 로비나 대형 건물 안에 멋지게 자라고 있는 식물을 보면, 그런 식물을 키워보고 싶다는 욕심이 생길 수 있다. 그러나 웬만큼 넓은 집이 아니라면 큰 나무를 집안에 들임으로써 경제적 부담뿐 아니라 예기치 못한 참담한 결과를 가져올 수도 있다. 크고 멋진 나무는 집안에 있는 다른 식물이나 물건, 하다못해 가구까지도 외소하게 만든다. 이때는 자신의 집에 어울리면서도 커다란 나무의 느낌과 효과를 줄 수 있는 대용품을 찾으면 된다. 예를 들어 켄티아야자(kentia palm)의 멋에 반했다면 3미터가 넘게 자라는 켄티아야자 대신에 이와 비슷한 느낌을 주지만 1미터 정도로 자라는 아레카야자를 선택할 수 있다. 실내 공기 정화 식물로 사랑받고 있는 벤자민고무나무는 그 모양 또

일광 조건에 맞는 식물의 선택
- 양지 : 모래이끼, 미니장미, 세덤류, 칼랑코에, 피라칸타, 구근류, 선인장
- 밝은 그늘 : 드라세나, 아스파라거스, 크로톤, 아프리카제비꽃
- 반그늘 : 바위취, 은방울꽃, 이끼류, 콩짜개덩굴
- 그늘 : 고사리류, 맥문동, 아글라오네마, 아이비, 필로덴드론

죽이기도 어려운 실내 식물
고무나무, 게발선인장, 네프롤레피스, 달개비(청·자주), 대나무야자, 드라세나, 몬스테라, 아글라오네마실버퀸, 팔손이(Fatsia japonica), 잉글리시아이비, 아스파라거스, 알로에, 산세비에리아, 쉐프렐라, 스웨디시아이비, 스킨답서스, 싱고늄, 접란, 종려죽, 테이블 야자, 페페로미아류, 필레아, 필로덴드론, 호야 등

한 아름답지만, 완전히 다 자라 위층을 자랑하는 큰 나무보다는 집에 맞는 크기로 선택해야 한다. 그리고 초보자는 기르기 쉬운 것부터 시작하는 것이 가장 중요하다.

실내 식물의 건강 관리

실내 식물의 관리는 비교적 간편한 편이어서 주기적인 물 주기, 먼지 닦아주기, 죽은 잎 따주기 정도만 해주면 된다.

실내 식물 관리 달력

실내 식물을 건강하고 효과적으로 관리하기 위해서는 다음과 같은 월별 작업이 필요하다.

- 1월 : 식물을 샤워시켜 초겨울부터 건조한 실내 공기로 인해 받은 스트레스를 완화시키고, 잎에 쌓인 묵은 먼지를 씻어낸다. 단일성 식물의 꽃을 보기 위해서는 단일 조건을 만든다.
- 2월 : 새로운 해충의 출현 여부를 확인한다.
- 3월 : 봄을 준비하는 전정을 한다.
- 4월 : 필요한 경우 분갈이를 한다.
- 5월 : 비료를 준다(기비를 주고 추후로는 엷은 액비를 살포한다).
- 6월 : 비료를 주고, 화분을 밖으로 옮겨도 좋다.
- 7월 : 비료를 준다.
- 8월 : 해충이 생겼는지 점검하고, 여름 전정을 한다.
- 9월 : 화분을 실내로 옮기고, 삽목을 할 수 있다.
- 10월 : 해충이 화분과 함께 들어왔는지 점검한다.
- 11월 : 가온이 되면 실내 습도를 점검한다.
- 12월 : 식물이 필요로 하는 적당한 온도인가 점검한다. 광도에 맞춰 화분을 정렬하고 단일 조건에 신경을 쓴다.

테리스(Pteris), 히아신스, 필로덴드론

실내 식물이 잘못되는 원인은 크게 세 가지다. 즉 해충이 끼거나, 병이 발생했거나, 잘못된 관리에 의해 물리적 문제가 생겨 식물이 제대로 자라지 못하는 것이다.

해충 제거방법 해충의 피해는 실내 재배에서 늘 문제가 된다. 해충은 식물에 붙어 같이 실내로 들어오지만, 해충을 제거할 수 있는 자연의 천적은 배제된다. 그러므로 실외에서는 크게 신경 쓰지 않던 해충의 피해가 실내에서는 심각한 문제로 발전한다.

잎이 누렇게 되면 식물에 문제가 생겼을지도 모른다고 의심해봐야 한다. 물론 물이나 비료가 부족해도 잎이 누렇게 되지만, 해충에 의한 변색은 조금 다르다. 물이나 비료 부족인 경우는 잎 전체가 자연스럽게 누렇게 되지만, 해충의 피해가 있는 경우는 얼룩얼룩하게 변한다.

경우에 따라서는 잎이 쭈그러지거나 작아지는 등의 기형이 보이기도 하고, 수분과 양분이 공급되는 맥이 해충의 피해를 받아 잎이 떨어지기도 한다. 가장 많이 나타나는 해충은 진딧물, 좀가루이(white fly), 응애류, 개각충 등으로 한번 번지기 시작하면 제거하기가 쉽지 않다. 가장 좋은 방법은 식물에 대한 세심한 관찰을 게을리 하지 않음으로써, 해충을 발생 초기에 제압하는 것이다.

달팽이같이 큰 해충은 핀셋 등을 이용해 바로 제거하고, 진딧물은 손으로 집어내거나 욕실 또는 집밖으로 식물을 옮겨 물을 뿌려 씻어낸 후에 다시 들여놓는다. 또한 물비누약을 뿌려주기도 한다. 응애류는 알코올 솜 또는 물비누약이 묻은 키친타월로 닦아내거나, 물비누약을 살포하기도 한다. 해충은 농약을 사용해 발생 초기에 제압하는 것이 중요하지만, 실내에서 농약 살포는 주의가 필요하다. 가능한 한 실외에서 살포하여 피해를 줄이도록 하고, 조기에 단순한 물비누약을 사용하도록 한다.

실내 식물의 골칫거리인 개각충과 솜벌레 등은 약으로도 잘 제거되지 않기 때문에 주기적으로 부드러운 천이나 솜으로 잎을 씻어내는 것이 좋다. 개각충이 잘 떨어지지 않을 경우에는 물비누약을 묻힌 칫솔로 긁어낸다. 개각충 등이 심하지 않을 때는 떼어내거나 씻어서 없앨 수 있지만, 보통 즙액이 많은 어린 잎이나 생장점 부위에 몰리게 되면 제거하기가 매우 어렵다. 그렇게 심한 경우는 다른 식물들을 위하여 과감히 버리는 것이 현명하다.

병의 발생 병은 병원균, 환경, 기주식물이라는 세 가지 요소가 갖춰져야 발생한다. 그렇기 때문에 건강한 식물로 키우거나 병이 발생할 수 있는 환경을 만들지 않으면, 병원균이 있다 하더라도 발병 되지 않는다. 식물은 물 관리를 잘하고, 비료를 너무 많이 주지 않으며, 적당한 햇빛과 온도 그리고 통풍을 유지해주면 건강하게 잘 자

물비누약

실내 식물에 해충이 끼거나 병이 생기면 야외에서와 달리 마음대로 농약을 사용할 수가 없다. 밀폐된 공간에서의 농약 사용은 어린이나 애완동물은 물론 어른에게도 대단히 위험하다. 따라서 물비누약을 만들어 수시로 사용한다.
외국의 경우는 원예용 물비누를 쉽게 구할 수 있지만, 우리나라는 별도의 물비누를 구하기 어려우므로 과일과 야채 세척용 세제로 대신한다.
물비누약은 세제 한 숟가락(15밀리리터)을 3.5~4리터의 따뜻한 물에 넣어 잘 섞어서 만든다. 그런 다음 분무기에 옮겨 식물에 뿌리거나, 큰 그릇에 담아 문제가 생긴 식물의 잎을 직접 담근다. 물비누약을 뿌린 후에는 두 시간 정도 두었다가 미지근한 물로 씻어낸다.

란다. 예를 들어 흰가루병은 식물에 치명적이지는 않지만, 마치 밀가루를 뒤집어쓴 듯한 잎 때문에 모양이 없어진다. 이 병은 통풍이 불량하고 고온다습하면 발생하기 쉬운데, 그런 조건에서는 다른 병도 발생할 수 있으므로 늘 통풍과 습도 조절에 신경을 써야 한다.

병을 일으키는 병원균은 곰팡이, 박테리아, 바이러스가 있다. 일반적으로 곰팡이병에는 농약이 효과를 발휘하지만, 박테리아에 의한 병은 드문 반면 한번 걸리면 식물이 통째로 녹아나는 경우가 많다. 또한 박테리아병은 전염이 빠르므로 발병이 확인되는 즉시 격리시키고, 심한 경우는 식물을 아예 없애는 것이 좋다. 바이러스병은 난 재배에서 늘 문제가 되는데, 치명적이지는 않으나 식물의 가치를 떨어트린다. 병은 사람의 손이나 전정 가위 등의 원예 기기에 의해 전염되는데, 일단 감염되면 치유할 수가 없다. 그러므로 바이러스에 오염된 식물은 아깝더라도 바로 없애는 것이 다른 식물을 위한 최선의 방법이다.

관리의 미숙 병이나 해충이 피해를 주지 않더라도 관리가 미숙한 경우에는 식물이 제대로 자라지 못할 뿐 아니라, 연약한 식물이 되어 2차적으로 병해충에 약한 식물이 된다. 실내는 외부와 달리 재배 조건이 제한적이므로 그 조건에 맞는 식물을 선택하고, 적당한 온도와 습도를 유지하며, 물이나 비료 주기를 잘해서 건강한 식물로 키우면 병과 해충에도 견디는 실내 식물이 된다.

실내 식물의 건강 상태를 늘 진단하면서 예방 조치와 문제 해결 방안을 강구한다.

실내 식물의 건강 진단

- **빛깔이 없어지고 마디가 웃자란다** | 광선 부족이 주원인이다. 식물이 빛이 충분하지 못한 곳에서 자라거나, 흑분이 너무 촘촘히 놓여 햇빛이 부족하거나 통풍이 되지 않을 때 생길 수 있는 증상이다.
- **잎이 크지 않으며 마디 사이가 자라지 않는다** | 비료 부족, 비료 과다, 물이 부족한 경우에 나타나는 증상이다. 비료가 부족한 경우는 엷게 액비를 주고, 과다한 경우는 시비를 중지하고 물로 충분히 씻어낸다.
- **아랫잎이 누렇게 된다** | 물 부족, ㅂ 료 부족, 화분 또는 식물 간격이 너무 촘촘한 경우, 뿌리가 화분에 꽉 찬 경우에 이런 증상을 보이기도 한다.
- **포기 전체가 시든다** | 물 끊김 없이도 식물 전체가 시들 때는 물 또는 비료 과다로 뿌리가 썩거나, 병해와 해충이 원인일 수도 있다. 경우에 따라서는 저온에 의해 뿌리가 얼어서 생기는 증상이다.
- **꽃 맺음이 거의 없다** | 비료 부족, 물 또는 비료 과다, 햇빛 부족 및 진딧물과 같은 해충의 발생이 원인이 될 수 있다.
- **잎이 변색된다** | 잎 전체가 누렇게 되면 비료가 부족한 경우가 많으며, 실내에 있던 식물이 실외로 옮겨져 초여름에서 가을 사이에 햇빛을 과다하게 받으면 잎이 누레지기도 한다. 관엽 식물은 저온에 오래 두면 잎 전체가 누렇게 될 수 있다. 잎 가장자리가 검게 변하는 경우는 바람이 너무 강하거나 동해를 입었을 때인데, 심하면 잎 전체가 얼어서 검게 된다. 겨울철에 영하의 기온에도 불구하고 실내 환기를 위해 창문을 열어두면 수시간 내에 이런 피해를 볼 수 있다. 잎이 얼었을 때는 양지나 더운 곳에 바로 옮기지 말고, 신문지로 말아서 언 잎을 서서히 녹여준다. 잎 끝 또는 주변이 갈색으로 변하는 경우는 약해와 건조 등이 원인이 되며, 반음지 내지 음지 식물을 햇빛에 과다하게 노출시키거나 바람이 센 장소에 두면 이런 증상을 보인다. 겨울철에 실내가 너무 건조한 경우는 가습기를 틀어 예방한다.
- **잎에 반점이 생긴다** | 잎에 반점을 일으키는 병이 많은데 주로 곰팡이류가 원인이 된다. 겨울철에 너무 찬물을 주었을 경우(아프리카제비꽃, 글록시니아 등), 여름철에 햇빛에 탄 경우, 약해를 받았을 경우 보이는 증상이다.

실내 정원 꾸미기의 첫 단계, 화분의 정돈

집집마다 화분은 조금씩 가지고 있다. 거기에 몇 개의 화분을 더 보태거나 이미 있는 화분만이라도 재배치를 잘하면 새로운 실내 정원이 만들어진다. 조금만 아이디어를 더하고 몇 가지 기술을 익힌다면 더욱 아름답고 매력적인 실내 정원을 꾸밀 수가 있다. 큰 화분을 바닥에 놓으면 시선을 차단하고 공간을 분할하는 효과가 있다. 자잘한 화분들은 한데 모아 철재 화분이나 바구니에 담아서 소정원을 꾸며 볼 수 있다.

큰 식물을 이용한 차단 효과
창가에 키가 큰 나무부터 놓으면 햇빛을 가려 다음의 작은 식물이 영향을 받지만, 시각 차단이 목적인 경우에는 키가 큰 식물을 배경으로 한다.

실내 정원에는 고사리류와 관엽 식물 등이 많이 활용되나, 지나치게 크게 자라지만 않는다면 어떤 식물이라도 실내 정원의 재료가 될 수 있다. 그러나 중요한 점은 기르고자 하는 식물이 집안의 환경에 맞아야 한다는 것이다. 이를 위해서는 원산지, 생육 주기, 자라는 방향이나 식물의 형태(모양, 크기, 색깔 등)를 알아야 한다.

첫째, 원산지를 안다는 것은 그 식물이 좋아하는 기후와 장소를 안다는 뜻이다. 즉 좋아하는 온도는 어느 정도인지, 건조 또는 습한 환경을 좋아하는지, 양지 또는 숲속 그늘진 곳에서 자라는지 등의 생육 환경을 알 수 있으므로 식물을 놓아야 할 장소나 물 주기 등의 관리 방법을 생각할 수 있다.

둘째, 생육 주기를 알면 식물이 초본류인지, 숙근초인지, 목본류인지 알 수 있다. 그래서 언제 새싹이 나오고 꽃이 피며 열매를 맺고 낙엽이 지는지, 또 휴면기는 어느 정도인지 등을 알아서 시기에 맞춰 파종하거나 전정하는 등의 관리를 할 수 있게 한다. 특히 실내 식물을 다듬어주기 위해서는 눈에 안 띄게 생기는 꽃눈 분화 시기를 알아야 한다. 꽃눈이 분화된 가지를 잘라주면 꽃 피는 것을 볼 수 없고, 줄기나 가지가 성숙하지 않으면 꽃눈이 분화되지 않는다는 것 등을 알아야 아름다운 꽃을 볼 수 있다. 또한 어느 시기에 저온 또는 단일 조건이 되어야 꽃이 피는가 등을 알게 된다. 상당히 전문적인 내용들이지만 실내 정원을 성공적으로 꾸미기 위해서는 필수적으로 알고 있어야 한다.

셋째, 식물이 위로 똑바로 자라는지, 소복하고 둥글게 자라는지, 옆으로 뻗으면서 자라는지 밑으로 자라는지 등의 생육 특성을 미리 알아야 한다. 어린 모종일 때는 자라는 방향의 특성이 잘 나타나지 않는 경우가 많은데, 자라는 방향을 미리 알면 모아심기나 공중걸이 화분 만들기 등을 할 때 잘 어울리는 식물을 선택할 수 있다.

실내 재배 식물의 생육 주기

식물은 씨에서 싹이 나서 성장하여 꽃을 피우고 열매를 맺은 다음 죽어버리는 생육 주기에 따라 분류될 수 있다. 한두해살이 식물은 초본 식물인 반면, 다년생은 초본류인 숙근초와 나무인 화목류가 있다.

- **한해살이(1년생)** | 봄에 씨를 뿌려 그해에 싹이 트고 꽃을 피워 열매를 맺거나, 가을에 씨를 뿌려 모종 상태로 겨울을 난 후 봄에 꽃을 피우고 열매를 맺는 식물을 말한다.
- **두해살이(2년생)** | 봄에 씨를 뿌려 그해를 넘기고 이듬해에 꽃이 피고 열매를 맺는 식물을 말한다. 즉 파종에서 열매 맺힘까지 2년이 걸리는 식물이다.
- **여러해살이(다년생)** |
  숙근초 - 종자를 파종한 후 발아되어 꽃 핀 후 가을에 지상부는 죽어도 줄기나 뿌리가 여러 해 동안 살아남아서 매년 꽃을 피우며 열매를 맺는 식물을 말한다.
  화목류 - 큰키나무(교목)와 떨기나무(관목), 덩굴성이 있으며, 이들은 다시 상록성 나무와 활엽성 나무로 구분된다.

좁은 실내 공간의 입체적 활용

좁은 주택이나 아파트에서는 화분을 들여놓을 자리도 없다고 생각할 수 있다. 그러나 빈 공간은 머리 위에도 있고 창문 안팎에도 있다.

창밖에 화분 매달기 창밖 화분에 식물을 기를 때는 실내 재배에 비해 햇빛의 문제가 없는 편이다. 오히려 남향의 창가라면 빛이 너무 심하게 비추기 때문에 햇빛을 아주 좋아하는 식물을 심는 것이 좋다. 또한 바람도 많아서 건조하기 쉬우므로 늘 물 주기에 신경을 써야 한다. 화분을 채우는 흙은 유기 성분이 많아야 좋으며, 수분을 많이 흡수해 오래도록 보유하는 능력이 있는 수태, 버미큘라이트, 펄라이트 등의 인공 흙을 섞어 보수성을 높여야 한다. 식물은 비교적 화기가 긴 한련화, 제라늄, 피튜니아 등을 심고, 다음 세 가지 점을 유념한다.

첫째, 밝은 색상의 꽃을 심는다. 창문 바깥쪽에 폭 30센티미터 정도의 선반을 만들고, 그 위에 화분을 놓거나 꽃 상자를 단단히 묶어서 바람에 날리지 않게 한다. 둘째, 한 가지 꽃을 듬뿍 심는다. 다양한 색상이나 여러 종류의 꽃을 섞어 심기보다 밝고 화려한 한 가지 꽃을 심는 것이 눈에 잘 띄고 아름답다. 때로는 서로 조화가 잘되는 두 가지 색의 꽃을 배합해 심으면 더 화려할 수 있다. 셋째, 식물이 아래로 늘어지게 한다. 대부분 화분이 눈높이보다 높은 경우가 많으므로, 위로 많이 자라는 직립성보다 덩굴성 식물을 심어 아래로 늘어지게 키우는 것이 더욱 아름답다.

실내 공중걸이 실내 공중걸이를 하면 물이 흐르고 흙이 떨어지는 등의 번거로움이 있지만, 식물을 잘 선택하고 약간의 수고를 감수하면 아름다운 실내 공간을 창출할 수 있다. 우선 실내 공중걸이에 알맞은 식물을 선택한다. 키가 너무 크거 위로 자라는 식물이 아니면 무엇이든 심을 수 있으나, 식물의 자라는 습성을 고려해 목적에 맞게 선택해야 한다. 꽃베고니아, 제라늄, 팬지, 한련화, 아디안툼, 아스파라거스 등은 화분의 표면을 방석같이 풍성하게 덮으며 자라고, 게발선인장과 접란 등은 위로 자라면서도 아래로 늘어진다. 덩굴성 제라늄, 한련화, 캄파눌라, 러브체인 등은 밑으로 자라는 모습이 아름답다.

실내에서 식물을 기를 때는 언제나 햇빛이 문제가 된다. 실내에서는 되도록 반음지 내지 음지 식물을 기르는 것이 좋다. 음지 식물이라 할지라도 광합성을 하기 위한 최소한의 햇빛은 필요하므로 북쪽이나 동북, 서북쪽을 향한 창가에 심을 때는 식물 선정에 특히 유의해야 한다. 팬지, 프리뮬러, 꽃베고니아, 구근베고니아 등이 비교적 그늘에 강한 꽃들이다.

보는 위치에 따라서도 식물 선정이 달라져야 한다. 눈높이 정도에 공중걸이를 하면 화분 밑으로 늘어진 모습과 함께 중간 및 위로 자란 모양이 골고루 보이므로 위로 쑥 잘 자라는 식물, 화분 위를 방석같이 덮을 수 있는 식물, 또 아래로 축 늘어지면서 자랄 수 있는 식물을 고루 섞어 심는다. 눈높이보다 높게 공중걸이를 할 때는 밑에서 보는 모양이 보기 좋아야 하므로 생육 특성이 아래쪽으로 늘어지면서 자라는 식물을 고른다. 눈높이보다 낮을 때는 공중걸이 화분의 윗면이 잘 보이므로 화분 표면을 방석같이 덮으며 자라는 식물과 직립성이 있는 식물을 심는 것이 좋다.

또한 공중걸이에 사용되는 화분은 일반 화분과 달리 아래에서 위로 올려다보는 경우가 많으므로 화분의 장식적인 효과도 생각해야 한다. 일반적으로 손쉽게 구할 수 있는 플라스틱 화분은 가볍고 단단해서 손쉽게 사용할 수 있

아프리카 제비꽃
식물의 특성에 따라 화분 위치를 정해야 아름다운 꽃을 오래 감상할 수 있다.

지만 모양이 없다. 토분이나 공중걸이용으로 특수 제작한 분을 사용하는 것이 낫고, 화분을 매다는 줄이나 줄을 거는 못 등도 장식 효과를 생각해서 결정해야 한다.

화분에 식물 심기
① 공중걸이용 화분을 구입한다.
② 화분 밑과 옆을 수태나 코코넛섬유매트(원예상에서 구입 가능)로 채운다. 가끔 물이 새는 것을 방지하기 위해 아래 부분에 높지 않게 신문지나 비닐을 두르기도 하지만, 비닐은 물 빠짐이 좋지 않아 뿌리가 썩을 위험이 있다.

부재의 활용
튤립과 시크라멘의 아름다운 꽃이 부재로 사용된 앙상한 가지를 배경으로 더욱 돋보인다.

실내 식물의 자라는 습성

- 위로 바르게 자라는 식물: 라벤더, 수선화, 안수리움, 튤립, 콜레우스, 호스타, 미니장미, 대부분의 허브
- 방석같이 둥글고 소복하게 자라는 식물: 꽃베고니아, 꽃양배추, 제라늄, 팬지, 한련화, 아디안툼, 아스파라거스, 아프리카봉선화, 타임
- 위로도 자라고 밑으로도 늘어지는 식물: 게발선인장, 접란, 피튜니아
- 밑으로 늘어지며 자라는 식물: 덩굴성제라늄, 한련화, 캄파눌라, 러브체인

•• Huntington, Lucy, *Creating a Low-allergen Garden*, Mitchell Beazley, 2002, p.20

③ 보습성이 좋고 가벼운 혼합토를 넣으면서 식물을 심는다.

④ 식물을 화분 표면에 가지런히 심을 수도 있지만 보다 풍성해 보이게 하려면 색다른 방법이 필요하다. 우선 화분 옆에 구멍을 작게 내고 식물이 상하지 않도록 종이나 셀로판지를 말아서 구멍에 통과시킨다. 그 다음 말았던 종이를 풀어 흙을 채우고 그 위로 식물을 더 심는다.

⑤ 식물이 완전히 자랐을 때를 고려하며 전체적인 균형을 맞춰야 한다. 실외 공중걸이와 달리 실내 공중걸이에는 몇 종류의 식물을 혼식하여 풍성하고 다양한 멋을 낼 수 있다.

독성 식물

대부분의 실내 식물은 안전하다. 그러나 다음 식물들은 어린이나 애완동물에 해로울 수 있다.•• 잎을 삼키거나 잎의 수액이 피부에 닿으면 독성을 띠는 경우가 있으므로 어린이가 있는 집에서는 유의해야 한다. 고무나무, 군자란, 꽃기린 등의 대극과 식물, 디펜바키아, 몬스테라, 스킨답서스, 스파티필룸, 안수리움, 잉글리시아이비, 칼라듐, 크로톤, 필로덴드론 등은 독성 물질을 함유한다는 보고가 있다.

집안을 화사하게, 발코니정원

최근 들어 아파트 발코니를 실내 정원으로 꾸미는 가정이 점차 많아지고 있다. 발코니는 집안의 어느 곳보다 식물을 기르기에 적합한 장소다. 햇빛이 잘 들고, 대부분 바닥이 타일로 되어 있으며, 수도와 배수구가 갖춰져 물을 쓰고 버리기에 용이하다. 생활 공간 밖의 장소이므로 일상의 움직임에는 영향을 미치지 않으면서도, 거실이나 안방 등에 연결되어 정원의 장식 효과가 잘 드러난다.

발코니를 꾸미는 다양한 방법

발코니 정원은 활용 목적에 따라 감상이나 휴식 공간 또는 외부 차단의 기능을 가질 수 있다. 그러므로 정원을 조성할 때는 목적에 맞게 바닥에 흙을 깔아 바깥 토양과 같은 섬을 만들어 화단을 조성할지, 대형 플랜터와 장식 효과가 큰 대형 화분을 사용할지, 화분에 심긴 식물을 적당히 재배열할지 결정해야 한다.

화분을 이용한 장식 아직까지도 실내 조경은 비용이 많이 들고 번거로우며 관리하기가 어렵다는 인식이 널리 퍼져 있다. 물론 TV 광고에나 나옴 직한 완벽한 실내 정원을 만들자면 어렵겠지만 내가 조금씩 만들어가는 정원은 큰돈 들이지 않고도 기쁨을 가져다준다.

우선 화분 배열만으로도 아름다운 정원을 가질 수 있다. 발코니에 흙을 깔고 정원을 조성하는 일은 많은 작업을 필요로 하지만, 기존에 가지고 있던 화분 식물들에 더해 약간의 화초나 나무를 화분째 구입하여 정원을 새롭게 꾸미는 일은 비교적 간단한 일로 특별한 기술이 필요 없다. 계절에 따라 쉽게 화초를 갈아줄 수 있고 식물의 위치도 자유롭게 재배치가 가능하므로 생동감 있게 늘 변화하는 정원으로 꾸밀 수 있다. 화분으로 발코니를 장식할 때는 화분에 신경을 써야 한다. 구입 당시에 담겼던 색색의 플라스틱 화분을 그대로 배열하면 어수선한 느낌만 든다. 이른바 테라코타 화분이라는 붉은 토분처럼 그 자체로 장식 효과를 낼 수 있는 화분을 선택한다.

화분으로 발코니 장식
주변에 자연 숲이 없고 콘크리트 건물로 둘러싸인 경우는 발코니에 큰 화분을 놓아 자연을 집안으로 들인다.

대형 용기의 활용 요즈음은 창가 장식에 많이 활용되는 종래의 플랜터보다 훨씬 커다란 플랜터가 시판되고 있다. 흙을 더 많이 넣을 수 있어서 비교적 큰 식물도 여러 개를 같이 심을 수 있고, 작은 식물들의 군식 효과도 좋게 한다.

작은 플랜터나 보온 상자 등을 사용하면 비교적 작업이 용이하지만, 한정된 용기에 흙을 담고 관수를 하기 때문에 모양내기가 어렵다. 반면 대형 플랜터를 사용할 경우에는 한 종류의 식물을 심어 풍성한 분위기를 조성할 수도 있고, 크고 작은 여러 가지 식물을 함께 심어 자연을 그대로 옮겨놓은 듯한 미니 정원을 만들어볼 수도 있다. 또한 소 여물통, 대소쿠리, 유리 그릇이나 장식적인 화분 등을 같이 사용하면 새로운 분위기를 연출할 수 있다.

작은 뜰의 형성 발코니가 비교적 넓은 경우는 흙을 직접 들여 작은 뜰을 형성할 수 있다. 화분이나 플랜터를 사용할 때보다 작업이 까다롭지만, 자연스러운 분위기를 연출한다는 큰 장점을 가지고 있다. 통행에 불편을 주지 않을 정드 크기의 섬을 만들어 화단으로 꾸민다. 이때는 직선이나 각진 뜰보다 부드러운 곡선으로 연출된 뜰이 자연스럽고 보기가 좋다.

대형 화분의 활용
작은 화분들을 여러 개 놓아 화단을 꾸밀 수도 있으나 좁은 발코니에는 대형 화분에 여러 가지 식물을 함께 심어 화단의 효과를 얻는다.

발코니에 들이는 흙은 가볍고 병충해나 달팽이, 지렁이 등의 오염이 없어야 한다. 이러한 목적에 적합한 토양은 질석(버미큘라이트), 펄라이트, 피트모스 등의 인공토이며, 이들 경량토와 잘 숙성된 부엽토를 혼합해 무게를 줄이면서 영양 공급이 가능하도록 한다. 밭흙이나 퇴비가 많이 든 화분 흙의 직접 사용은 금물이다.

어떤 식물을 심을 것인가

일반 가정 주택에서는 방한을 목적으로 발코니를 유리 온실과 같이 꾸미기도 하지만 그렇지 않은 경우도 있다. 방한 시설이 되어 있다면 아파트의 발코니 정원과 같이 취급한다. 그러나 방한 시설이 안 된 경우는 화분이나 플랜터를 이용한 정원을 구상해야 한다. 이때 발코니의 환경은 여름철의 경우에 바닥의 복사열에 의해 온도가 쉽게 올라가고 오랜 시간 동안 식물이 직사광선에 노출될 가능성이 높으므로 바람과 건조에 강하고 햇빛을 좋아하는 식물을 선택한다.

아파트 발코니의 경우도 햇빛이 많이 들고 여름에는 복사열이 높은 반면 통풍이 좋지 않기 때문에 온도가 올라가는 어려움이 있다. 고온과 강한 광선에 잘 적응하는 식물을 선택하고, 통풍이 잘 되도록 창문을 열어주며, 한여름에 발코니 온도가 높게 올라가는 집은 팬(fan)을 이용한 강제 송풍도 생각해봐야 한다.

봄에서 가을까지 건조함이나 강한 빛에 잘 적응한 식물이라도 겨울에 특별히 가온해주지 않으면 피해를 볼 수 있다. 그러므로 열대성 식물은 위험하고, 오히려 철쭉이나 동백, 남천과 같은 온대성 식물이 안전하다. 빛이 부족한 서북향 발코니에는 반음지 식물을 활용하고, 빛이 많이 부족한 경우는 식물 심기를 포기하고 등이나 조각물 또는 분수 등을 설치해 또 다른 느낌으로 꾸며본다. 발코니에 심을 식물은 어린 것보다 웬만큼 자란 것을 선택해 추위와 더위에 어느 정도 내성을 보이면서 정원의 모양도 제대로 갖추도록 한다.

발코니 정원의 시작

발코니는 1차적으로 방수가 되어 있기는 하지만, 정원을 꾸미게 되면 계속 물을 주어 바닥이 늘 젖어 있는 상태가 되기 때문에 누수의 염려가 있다. 누수를 예방하기 위해서는 바닥에 맨 먼저 방수용 비닐을 깔고, 그 위에 부직포와 굵은 모래를 차례로 덮고나서 흙을 넣는다. 부직포는 생략할 수도 있으나, 부직포를 깔아주면 굵은 모래 사이로 가는 토양 입자가 빠져나가 생기는 오염을 방지한다. 이때 물 빠짐 구멍이 막히지 않도록 가는 철망이나 모기망용 비닐을 깔고 왕모래와 자갈로 움직이지 못하게 고정시킨다.

흙은 가볍고 유기질이 많은 토양으로 병균과 토양 생물이 포함되지 않아야 한다. 시판되는 원예 용토(퇴비가 아님)를 사용하거나, 질석이나 펄라이트 등의 인조 숙토와 피트모스나 부엽토를 섞어

단순한 식재
베란다나 발코니를 활용함에 있어 식물이 가득한 것만이 최상은 아니다. 때로는 대나무와 돌 몇 개를 놓고 나머지 부분은 비워둠으로써 동양적인 멋과 여유를 음미하도록 할 수 있다.

흙을 가볍게 만들어준다. 큰 나무를 심고자 할 때는 밭흙과 모래 등을 섞어 흙을 무겁게 하여 식물의 무게를 지탱할 수 있도록 조절한다. 한두해살이 화초나 실내 관엽 식물은 밭흙(모래):피트모스(부엽토):질석(펄라이트)의 비율을 3:4:4 정도로 섞는데, 식물이 작을 때는 밭흙을 줄이고 큰 경우는 늘리는 방향으로 조절한다. 이때 사용되는 밭흙은 앞에서도 설명했듯 병균과 토양 생물이 포함되지 않은 흙이어야 한다.

용토의 깊이는 식물에 따라 다르겠지만, 보통 뿌리가 깊지 않은 식물을 심을 때는 15센티미터 정도로 하고 1미터 이상 되는 관엽 식물은 적어도 30센티미터는 가져야 한다.

식물의 배치

식물은 일반 화단과 마찬가지로 비례와 리듬, 색채의 조화 등을 고려해 배치한다. 화분 식물을 배치할 때는 키가 큰 화분을 뒤로 하고 차차 작은 화분 순으로 놓는다. 그러나 일관되게 키 순서대로만 배열하면 모양이 없기 때문에 리듬감을 느낄 수 있도록 높았다 낮았다 하는 약간의 변화를 준다. 창가에 키 큰 나무부터 놓으면 햇빛을 가려 작은 식물들이 잘 자라지 못하지만, 시각 차단이 목적인 경우에는 아무래도 키가 큰 나무로 배경을 삼아야 한다.

발코니 전체를 2:3 또는 1:3의 비율로 분할해 강약을 표현하고, 마무리도 직선보다는 부드러운 곡선이 되도록 한다. 즉 정원에 40%(또는 20%) 정도는 키 큰 나무를, 나머지 60%(또는 80%)는 그보다 작은 나무를 사용해 배치한다. 때로는 식물의 키 비율을 2:3 정도로 선택하고 그보다 훨씬 큰 공작단풍 등을 심어, 고목의 느낌을 주는 큰 나무 밑의 시원한 그늘에서 식물이 자라는 모습을 연출할 수도 있다. 이때 키 큰 나무의 잎이 너무 무성하면 시원하기보다 답답한 느낌을 준다. 발코니 바깥쪽과 벽 쪽에 큰 식물을 배치하고 거실 안쪽으로 차차 키를 줄여 거실에서 보기 좋은 그림이 되도록 한다. 화단의 마지막 마무리는 지피 식물을 심어 흙을 덮거나, 호박돌과 자갈 등을 활용하여 한다.

정원의 목적에 따라 식물과 소품을 조화롭게 배치할 수 있다. 석등, 물항아리와 그에 연결된 수로 조명등 등을 식물과 조화롭게 배치하거나, 작은 테이블과 의자를 놓아 차를 마실 수 있는 공간을 마련한다. 이때 테이블 위에는 작고 독특한 식물을 올려놓아 강조점을 두기도 한다.

식물 배치에 모범 답안이란 없다. 기본 원칙을 생각하면서 나름의 식물원을 만드는 자체가 즐거움이다. 다른 일과 마찬가지로 식물의 배치도 실수를 통해 실력이 향상되어간다.

강조점(focal point)
좁은 공간의 발코니라도 크고 작은 조형물로 시선을 집중시키는 부분을 설정해 정원의 특징을 나타낸다.

식물의 관리

식물을 심은 직후에는 물을 충분히 주어 뿌리와 흙 사이의 공기를 없애준다. 물 주기는 식물의 생육 상태나 계절에 따라 달리해야 하는데, 여름철에는 횟수를 늘리고 겨울철에는 한 주에 한 번 정도로 줄인다. 그러나 날짜를 정해놓고 기계적으로 주기보다는 식물과 토양 상태에 따라 조절한다. 즉 식물이 왕성하게 자랄 때는 물을 충분히 주고, 휴면 상태일 때는 거의 주지 말아야 한다. 또한 여름에는 물을 자주 주어야 하지만, 공중 습도가 높은 장마철에는 토양의 수분이 빨리 증발되지 않고 식물의 증산 작용도 적어지므로 과습하기 쉽다. 과습은 발병의 원인이 된다.

   물은 화분에 줄 때와 마찬가지로 표면이 마르기 시작하면 골고루 충분히 스며들게 찬찬히 준다. 이때도 식물에 따라 물 주기를 조절한다. 수분을 좋아하는 식물은 표면이 하얗게 마르기 전에 물을 주지만, 그렇지 않은 식물은 표면이 말랐다고 해서 바로 즈면 안 된다. 건조를 좋아하는 식물은 뿌리 근처의 수분 상태를 점검하여 습하지 않도록 비교적 건조한 상태를 유지시켜준다. 그러나 매번 점검하면 식물이 피해를 받으므로 한두 번 점검으로 기준을 잡도록 한다.

흙에는 비료 성분이 포함되어 있으나 오랫동안 식물을 기르다보면 영양 부족을 초래하게 된다. 때문에 식물을 심기 전에 깻묵과 뼛가루같이 서서히 분해되면서 비료 성분이 되는 유기질을 밑거름으로 넣어주거나 화학 비료를 덧거름으로 준다. 그리고 하이포넥스 같은 액체 비료를 엷게 희석해 물 줄 때 함께 뿌려주기도 한다.

실내 정원 정보를 얻을 수 있는 곳
- 푸르네
http://www.ipurune.com
- 시스템정원
http://www.systemg.co.kr
- 블루블룸
http://www.bluebloom.co.kr
- 통나무뜰실내조경
http://www.logttu.com
- 현진원예
http://www.hjgarden.co.kr

실내 정원 설비에 관한 정보를 얻을 수 있는 곳
- 경동세라텍
http://www.kdceratech.co.kr
- 한국네타핌
http://www.netafim.co.kr
- BOXEN
http://www.boxen.co.kr

다양한 식물을 싸게 살 수 있는 곳
양재동 화훼공판장, 과천 남서울꽃집하장, 하남 꽃도매시장 등을 추천한다. 또한 각 지방별로도 더도시에 화훼 시장이 형성되어 있다.

원예 용품 파는 곳
화훼 시장에는 화분, 흙, 화훼 용품을 파는 곳이 따로 있다. 고속터미널 경부선 3층과 지하에서는 인테리어 소품을 구할 수 있다. 또한 서초동에는 특수한 소품 등을 구할 수 있는 갤러리들이 있다.

화분에 물 주기 요령
- 화분 흙이 희끄무레 마르기 시작할 때 물을 준다.
- 물의 양은 화분 밑의 구멍으로 약간 흘러나올 정도로 준다.
- 여름철에 가장 자주 주고, 겨울철에는 더 간격을 두고 물을 준다.
- 물 주기는 오전 중에 한다.
- 여름철에는 관계없으나 겨울철에 찬물을 주는 것은 좋지 않다. 실내 온도와 비슷한 수온이 가장 이상적이다.

자투리 공간도 알뜰하게, 손바닥정원

'손바닥 정원'이라는 책 제목을 보고 아주 반가웠던 기억이 있다. 우리네 도심 속에는 정말로 손바닥만 한 뜰이 있는 집이 많다. '이렇게 손바닥만 한 작은 땅에 정원을 만들 수 있을까?' 하고 의아해 하는 사람도 있다. 그러나 아무리 손바닥만 한 땅이라 할지라도 치밀한 계획으로 잘 꾸미면 멋진 정원이 될 수 있다.

정원은 화단과 같이 눈으로만 보고 즐기기도 하지만, 디자인을 잘하면 새로운 야외 생활 공간으로 활용할 수도 있다. 테이블과 의자를 놓으면 꽃향기 그윽한 야외에서 가족끼리 정다운 저녁 식사를 즐길 수 있고, 손님을 초대해 함께할 아늑한 공간으로도 안성맞춤이다. 좁은 공간에서는 보기 흉한 부분이 노출될 수밖에 없는데, 약간의 아이디어와 노력을 더하면 아름다운 공간으로 변신할 수 있다. 예를 들어 이웃집과의 사이에 놓인 보기 싫은 담도 덩굴장미나 담쟁이로 가리면 색다른 공간으로 탈바꿈한다.

아주 작은 정원이라도 구성에 있어서는 정원 설계의 기본 원칙이 적용되지만, 손바닥 정원은 특히 고려해야 할 점이 있다. 정원을 꾸미려는 뜰이 작은 경우는 활용할 공간이 좁을 뿐더러 대부분의 땅이 햇빛이 잘 들지 않는 그늘진 부분이 많아서 습하다는 것이다. 그러나 시간을 갖고 그 땅의 조건에 맞는 정원을 설계하면, 오히려 더 매력적이고 색다른 정원을 꾸밀 수 있다.

규모가 작은 땅일수록 세심한 계획이 필요하다. 좁은 공간에 가

족 구성원 각자가 원하는 모든 내용을 포함시키기는 어려우므로, 서로의 의견을 수렴하고 땅의 조건 등을 고려해 테마가 있고 온 가족이 즐길 수 있는 가족 정원을 만든다. 볕이 잘 들면 화려한 화단이나 채소밭이 가능하고, 색다른 정취가 느껴지는 물이 있는 정원으로도 꾸밀 수 있다. 또한 그늘진 곳에는 잎이 넓고 질감이 좋은 반음지 식물을 심어 시원하고 차분함을 더하는 사색의 정원을 마련할 수 있다.

정원을 꾸미기 위한 사전 점검

좁은 공간을 짜임새 있고 보기 좋은 공간으로 만든다는 것은 쉬운 일이 아니다. 그러나 이러한 작업을 꼭 전문가들만 하는 것은 아니다. 비록 실내 디자인의 전문가가 아니더라도 내 집을 나름대로 아름답게 꾸미고 사는 사람은 많다. 정원 가꾸기도 마찬가지다. 처음

양지와 반음지
좁은 공간에서도 화려한 화단을 꾸밀 수 있다. 앞뜰의 양지바른 곳에는 나리·데이지·접시꽃 등의 양지 식물을 심고, 반음지에는 아프리카봉선화·금낭화·호스타 등의 내음성 식물을 심는다.

에는 서툴지만 매년 조금씩 개선하고 보충하면 자신만의 독특한 정원이 꾸며진다. 이 작업은 자기 스스로 새로운 자연을 창조하고 가꾸는 참으로 행복한 일이라 할 수 있다.

정원을 꾸미기 위해서는 부지의 조건부터 면밀히 조사해야 한다. 햇빛은 하루에 몇 시간이나 비치는지, 토양 습도는 어느 정도인지, 배수 시설은 잘되어 있는지 등을 조사한다. 이러한 조건에 따라 양지 식물이 주종이 되는 꽃 위주의 화단을 설계할지, 그늘 정원이나 습지 정원을 설계할지를 결정한다.

기존에 식물이 심어져 있던 땅이라면 어떤 나무나 숙근초가 있는지 조사하고, 제거하거나 보충할 대상을 미리 점검한다. 또한 이용할 수 있는 벽면이나 경사지, 장식용으로 활용할 수 있는 돌 등이 있는지, 시선을 차단해야 할 부위가 있는지 확인한다. 대문에서 현관까지의 길이나 현관 앞을 조사해 용기 정원의 가능성도 점검한다.

어둡고 습한 공간의 변신

좁은 공간은 어둡고 습한 경우가 많다. 특히 도시에서 이웃의 높은 건물이나 오래된 나무에 가려 하늘의 별은커녕 해 보기도 어려운 땅을 개선하기란 난감한 일이 아닐 수 없다. 그러나 이러한 공간이야말로 정원으로 변신했을 때의 효과를 톡톡히 볼 수 있다.

쓸모없다고 버려진 이러한 공간은 작업에 들어가기에 앞서 청소부터 시작한다. 각종 잡동사니와 해묵은 낙엽을 말끔히 걷어내고, 벽에 묻은 흙을 털어낸다. 그리고 벽을 흰색이나 연한 비둘기색 또는 미색 등의 밝은 색으로 칠하면, 어두움을 퇴치하는 동시에 받은 빛을 다시 반사해 식물 생육도 돕는다. 뿐만 아니라 밝은 색 배경에서는 녹색 식물이 더욱 두드러져 보인다.

정리와 청소, 그리고 도색 작업이 끝나면 다음으로 식물을 도입한다. 어둡고 습한 곳에는 언제나 잎이 관상의 대상이 되는 식물을 심어야 하는데, 특히 밝은 색을 띠는 상록수가 적합하다. 벽면을 도색

어두운 곳을 밝게
어두운 곳에는 반엽 호스타나 반엽 호장근과 같이 잎 색깔이 밝은 식물을 심는다.

하기가 어렵거나 적벽돌같이 벽면이 좋은 소재로 된 경우는 식물을 잘 선택해 밝은 구석을 만들도록 한다. 즉 진녹색의 식물을 피하고 밝은 색의 무늬가 있는 반엽종(斑葉種)을 심어 시선을 끈다. 바닥이 단단한 콘크리트인 경우는 대형 플랜터나 버려진 욕조와 같이 큰 통에 자갈, 굵은 모래, 배양토의 순으로 넣고 적당한 식물을 심는다. 또는 콘크리트 바닥을 직접 뚫어 배수가 되게 한 후에 나무로 상자를 짜넣고, 흙을 넣어 지면을 높인 다음 식물을 심을 수도 있다.

지붕과 반지하의 재발견

손바닥 정원은 어느 곳에나 가능하다. 평지보다 낮은 땅에는 낮은 정원(sunken garden)을, 지붕 위에는 옥상 정원을 만들어보자. 낮은 정원은 보통 습하고 그늘지기 쉬우므로 이에 걸맞은 식물을 심어야 한다. 반면에 옥상 정원은 햇볕이 세고 바람이 많기 때문에 양지 식물이면서 건조에 강한 식물이 적당하다. 옥상 정원을 만들 때는 지붕 바닥 방수에 문제가 없어야 하고, 지나친 무게가 실리지 않도록 가벼운 흙을 사용하는 것이 좋다.

옥상 정원에 퍼걸러(pergola)처럼 그늘을 만들 수 있는 시설을 해주면 쉽게 다가가 휴식을 취할 수 있는 공간이 된다. 도심에 위치한 병원이나 사무실 건물에는 쉴 만한 녹지가 거의 없다. 그런 건물에 옥상 정원을 만들어주면, 잠깐이라도 여유롭게 휴식을 취할 수 있고 여름과 겨울의 에너지 절감과 미기후 조정 등의 효과도 있다.

옥상 위의 소박한 정원
아래층엔 뜰이 없더라도 옥상을 활용할 수 있다. 데크를 깔고 이웃해 식물을 같이 심으면 야외 공간을 활용할 수 있는 훌륭한 정원이 된다.

좁은 공간의 효율적인 활용

좁은 공간은 불변의 요인이므로, 부지의 평면뿐 아니라 모든 입체적 측면을 활용해 사용 공간을 넓히도록 한다. 몇 그루의 대형 식물만으로 정원을 꽉 채우는 것을 피하면서 사용 가능한 모든 공간을 활용해 입체감 있게 정원을 꾸민다.

벽면과 담장, 그리고 층계나 포장을 한 보도 위에도 식물을 도입할 수 있다. 벽면을 이용할 때는 격자 시렁을 만들어 덩굴성 식물을 올리거나 공중걸이를 걸어 공간의 활용도를 높인다. 포장된 도보나

좁은 공간의 활용
보도블록이 깔린 좁은 공간에도 벤치와 용기를 놓는다.
또 벽면이나 현관 앞 좁은 공간에도 화분으로 장식할 수 있다.

보도블록이 깔린 공간에는 직접적으로 식물을 심을 수 없지만 용기를 이용해 정원을 꾸며본다. 층계도 잘 이용하면 훌륭한 정원이 된다. 층계는 꽃이나 식물을 심은 용기 하나하나의 멋을 한껏 드러낼 수 있는 무대가 되기도 하지만, 맨 밑에 대형 화분을 놓고 덩굴장미나 클레마티스 같은 덩굴성 식물을 심어 층계를 따라 유인해줌으로써 층계 전체에 장식 효과를 낼 수도 있다.

좁은 곳을 넓어 보이게

바닥재 중심의 활용 도심의 작은 정원은 그늘진 곳이 많으므로 잔디나 지피 식물을 유지하기가 쉽지 않다. 건축물의 형태가 현대적인 느낌이 들 때는 그와 잘 어울리는 오래된 벽돌, 보도블록, 화강암이나 대리석 등의 얇은 석판으로 바닥을 장식한다. 바닥재가 건축의 외벽과 일치하거나 잘 어울리면 좁은 공간이 훨씬 더 넓어 보일 수 있다. 중앙에 바닥재를 깔고 주변에 식물을 적당히 배치함으로써, 자연 친화적이고 시원한 느낌을 주는 생활 공간으로 활용한다. 식물은 손이 덜 가는 덤불성 나무로 중심을 잡은 후에 초화류를 곁들인다. 그늘 쪽에는 음지나 반음지 식물을, 양지 쪽에는 양지 식물을 심는다.

식물 가짓수의 조절 한 종류의 식물을 여러 번 반복해 심을 자리가 없는 좁은 땅에는 자연히 이것저것 심고 비치하게 된다. 그러나 식물 종류가 너무 많고 색깔이 복잡하면 땅이 더욱 좁아 보인다. 반면

울 밑의 갈란투스
울 밑의 그늘에는 스노드롭이라고도 하는 갈란투스와 같이 잎과 꽃 모두 감상 가치가 높은 식물이 돋보인다.

전체가 하나의 통일성을 띠면 훨씬 넓게 느껴진다. 그러나 통일성은 단조로움을 초래하기 쉬우므로 독특한 식물이나 조경물로 강조점을 두어 변화를 준다. 단순히 식물의 가짓수를 줄이기만 하면 좁은 땅이 한눈에 들어오면서 정원의 협소함이 쉽게 드러나기 때문에 좁을수록 여기저기에 시선이 머물 수 있는 식물과 장식이 필요하다. 특이한 잎, 꽃이나 잎의 다양한 색깔 및 질감, 넓은 정원에서는 보이지도 않을 작은 돌이나 조각물 등은 시선을 잡아두기에 충분하다.

착시 현상의 활용 좁은 공간을 넓어 보이도록 하는 방안을 강구해야 한다. 긴 공간은 조금 짧고 넓어 보이도록 모든 배열을 가로축에 시선이 머물 수 있는 방안을 강구하고, 옆으로는 공간이 있으나 길이가 짧은 경우에는 되도록 모든 배열이 세로로 길게 늘어서도록 한다. 예를 들어 잔디 깎기도 긴 공간에서는 가로로 깎은 줄이 보이도록 하고, 짧은 공간에서는 세로로 깎아나가 공간이 길어 보이도록 한다. 보도블록을 깔 때도 짧은 공간에서는 낱낱의 블록이 세로로 놓이도록 한다.

좁은 공간을 넓어 보이게 하는 방법으로 거울을 이용하는 것이 있다. 그러나 거울을 비추고자 하는 대상의 바로 뒤에 설치하면 소기의 목적을 달성하기 어려울뿐더러 그 의도가 너무 솔직히 드러나게 된다. 그러므로 거울에 비춰 보이고자 하는 대상과 거울 사이에는 나지막한 풀이나 나무를 심어 멀리에 또 다른 풍경이 펼쳐지는 듯이 연출한다.

이웃 풍경의 활용 이웃집의 큰 나무에 신경이 쓰이기도 하지만,

잘 활용하면 내가 심지 않은 크고 보기 좋은 나무를 내 정원으로 끌어들일 수 있다. 담 가까이에 덩굴 식물이나 키가 크면서 가늘게 자라는 나무들을 심으면 담 너머의 큰 나무도 우리 집 정원으로 편입된다. 운이 좋으면 거리의 가로수나 멀리 있는 풍경까지 끌어들일 수도 있으므로 내 집의 땅만 보지 말고 주변 환경을 잘 관찰해야 한다.

용기의 활용 좁은 땅에서는 용기를 활용하는 것이 좋다. 용기 정원은 정원 중에 가장 융통성 있는 형태다. 어떤 종류의 식물이든 기를

용기의 활용
용기를 활용하면 시멘트나 나무 위, 벽면에도 식물이 자라게 할 수 있고, 빛을 따라 자리를 이동할 수 있어 편리하다.

지면 식물과의 조화
용기를 잘 배치하면 지면에 심은 식물(예컨대 머우, 제비꽃)과 화분의 식물(뉴기니봉선화, 제라늄)이 서로 어우러져 정원을 더욱 돋보이게 한다.

수 있고, 필요에 따라 언제든지 용기의 자리를 자유로이 움직일 수 있으며, 기존에 있는 식물 이외에 다른 식물을 덧심어 새로운 작품을 만들어내는 등 여러 가지 변화를 줄 수 있다.

　용기를 사용하면 어느 곳에나 정원이 만들어진다. 정원은 꿈도 꿀 수 없는 좁은 집에서도 콘크리트 층계 위에 화분을 놓음으로써 풍성한 정원이 된다. 커다란 화분에 나무를 심어 수목 정원의 느낌을 줄 수도 있으며, 작은 플랜터나 화분에 앙증맞은 꽃을 심어 귀엽고 친근감 있는 정원으로 꾸밀 수도 있다. 더욱이 시기별로 새롭게 피는 꽃을 다시 채워주면 계절의 변화를 즐길 수 있다.

눈가리개의 활용 좁은 땅에서는 자연히 보이고 싶지 않은 부위가 노출되기 쉽다. 이때는 장식 울타리 등으로 눈가리개를 하고 그곳에 나팔꽃, 조롱박, 담쟁이와 같은 덩굴성 식물을 올리거나 공중걸이를 매달아 악조건을 역이용한다. 그러나 눈가리개로 활용하는 물체가 너무 강하면 좁은 공간을 분할하는 효과가 뚜렷해 더욱 좁아 보인다. 그러므로 격자 시렁을 설치하거나 되도록이면 느낌이 부드럽고 융통성 있어 보이게 비닐망과 같은 재질을 이용해 덩굴성 식물을 유인하는 것도 좋다.

꽃의 여왕, 아름다운 장미정원

장미는 그 화려한 꽃의 빛깔과 모양, 그리고 향기로 사랑을 받아왔다. 장미는 한 종류의 식물로서 형태뿐 아니라 용도도 다양한 것이 특징이다. 한 가지에 꽃이 하나만 달리는가 하면 꽃이 다토록한 송이로 피기도 하고, 미니장미에서 덩굴장미까지 참으로 다양하다.

정원의 멋을 더하는 장미
꽃송이가 크고 탐스러운 장미는 정원 중심에 심어 시선을 모으고, 덩굴장미로는 집 입구나 울타리를 장식하며, 중소형의 장미는 지피식물로 모아 심어 장식한다.

오래 전부터 사랑을 받아온 장미는 수많은 육종을 거쳐 현재 전 세계적으로 3만여 종의 품종이 등록되어 있고, 우리나라에도 2,500여 종이 도입되었다고 한다. 이렇듯 많은 품종의 장미는 몇 개의 그룹으로 분류할 수 있다.

장미의 종류

장미 정원을 시작하기 전에 장미의 종류에 대해 알아두면 재배 및 관리에 도움이 된다. 장미는 크게 세 종류로 원종 장미(Species Roses), 고전 장미(Old Roses), 현대 장미(Modern Roses)가 있다.

원종 장미 원종 장미는 모두 200여 종으로, 내병성이 탁월하며 아무 곳에서나 왕성하게 잘 자라는 특징이 있다. 봄에 한 번 꽃이 피고, 가을에는 열매(rose hips)가 정원을 아름답게 장식한다. 일반적으로 원종 장미는 홑겹 꽃으로 다섯 장의 꽃잎이 있고, 교배를 하지 않아도 자가 수정으로 열매를 잘 맺는다. 오늘날에 육성된 품종은 이들 원종에서 유래된 것이다.

고전 장미 고전 장미라 함은 하이브리드 티(hybrid tea)가 처음 소개된 1867년 이전에 육종된 장미를 말한다. 고전 장미는 일반적으로 아주 향기가 좋고 강하다. 이들 장미는 향기도 훌륭하고 꽃 모양도 아름다우나, 1년 중 초여름에 딱 한 번 꽃이 피고 화기도 길지 않은 편이다.

현대 장미 하이브리드 티가 나오면서 새롭게 육종된 현대 장미는 꽃의 색깔과 모양이 다양할 뿐 아니라 여름내 아름다운 꽃을 볼 수 있다는 장점을 가졌다. 그러나 원종 장미나 고전 장미와 달리 내병성과 내한성 등이 떨어지며, 집중적으로 관리해주어야 아름다운 꽃을 계속 볼 수 있다. 현대 장미의 종류는 다음과 같다.

- 하이브리드 티 계(hybrid teas) : 대부분의 사람이 떠올리는 장미는 하이브리드 티 계통으로, 한 가지에 크고 아름다운 한 송이의 꽃이 피는 장미 종류를 말한다. 화려하고 아름다운 대신 장미 계통 중에 가장 손이 많이 가고, 비옥한 토양에 집중적으로 시비하고 관수를 제대로 해주어야 최고의 꽃을 얻을 수가 있다. 완전히 자라면 보통 1~1.5미터에 이른다. 색상이 다양하며 꽃은 대부분 겹꽃이다. 하이브리드 티 계는 관리만 잘하면 봄부터 가을까지 꽃을 볼 수 있는 사계 장미에 속한다.

🌼 **폴리앤사 계(polyanthas)** : 폴리앤사 계는 덤불형의 잔잔한 장미로, 재배상에 큰 문제가 없는 강한 계통이다. 키는 60센티미터 정도로 작은 정원에 조합하다. 덤불형이기 때문에 가정의 생울타리나 경계로 삼으면 좋고, 넓은 공간에 다량으로 심으면 아름다움이 더한다. 라틴어로 '다화(多花, many-flowered)'라는 뜻의 폴리앤사는 2~3센티미터 크기 정도의 작은 홑겹 또는 겹꽃이 모여 덩이를 이루고 여름 내내 계속 피는 4계종이다. 죽고 병든 가지를 자르거나 모양을 잡을 때 외에는 따로 전정이 필요 없어 관리하기 좋다.

덤불형 장미
덤불형인 폴리앤사 계와 플로리번다 계 등은 키가 작고 한 꽃대에 여러 송이의 꽃이 피는 특성이 있으므로, 집단으로 심어 아름다움을 돋보이게 한다.

❀ 플로리번다 계(floribundas) : 플로리번다는 폴리앤사와 하이브리드 티 장미의 교배에서 얻은 계통이다. 덤불형이고, 키는 0.6~1.2미터까지 자란다. 꽃은 폴리앤사 계보다 크고 하이브리드 티 계보다는 작은 중형으로, 한 줄기에 여러 송이가 뭉쳐서 핀다. 그러나 낱개보다 집단으로 심었을 때의 효과가 더 크기 때문에 넓은 정원이나 학교와 공원 등의 화단에 군식하며 그 화려한 색깔과 흐드러진 송이로 장관을 이룬다.

❀ 그란디플로라 계(grandifloras) : 하이브리드 티와 플로리번다의 교잡종으로 플로리번다의 다화성과 하이브리드 티의 꽃 모양이 접목되었고, 미국 등에서 널리 재배되고 있는 계통이다. 그란디플로라는 1.2~1.8미터까지 자라기 때문에 다른 화초를 가리지 않게 유의해서 벽면이나 화단의 후면에 심을 필요가 있다. 대표적인 품종은 한국에도 널리 알려져 있는 '퀸 엘리자베스(Queen Elizabeth)'이고, 내병성이 강한 사계종이다.

❀ 미니장미 계(miniatures) : 미니장미는 꽃을 비롯해 줄기와 잎이 모두 다른 계통의 장미보다 작다. 홑겹이나 겹꽃 또는 그 중간의 꽃도 있지만, 우리나라에 보급된 미니장미는 모두 겹꽃이다. 미니장미는 그 크기 덕분에 실내 재배가 가능하지만, 빛이 충분해야 꽃이 핀다. 그러므로 화원에서 구입한 미니장미는 화분의 꽃이 지고나면 다시 꽃을 보기 어려운 경우가 많다. 수분 관리를 잘못하는 경우도 있지만, 대부분은 충분하지 못한 빛 때문에 매우 약한 식물체가 되어버린다. 키는 보통 25~50센티미터 정도인데, 직립형 이외에 덩굴성이나 늘어지는 성질을 가진 것도 있어서 외국에서는 공중걸이 식물로도 활용된다. 개화

기간은 1개월 정도이며, 좁은 뜰에 여러 개를 모아 심어도 아담하고 멋스럽다. 모아심기를 할 때는 40~50센티미터 간격으로 심는다.

🌸 덩굴장미 계(climbing roses) : 키가 1.5미터 이상 자라며 울타리, 아치, 벽면 등의 지지가 필요한 덩굴성 장미를 말한다. 5월이 되면서 우리의 눈을 끄는 빨간 덩굴장미는 대부분 봄에 한 번 꽃이 피지만, 요즘은 개량되어 두세 번 또는 4계 내내 꽃이 피는 품종도 있다. 색과 꽃 모양도 다양하게 개량되어 정원 장식에 훌륭한 역할을 한다.

미니장미
예쁜 용기에 모아 심어 창가를 장식하거나, 화단에서 일반 화초와 같이 지피용으로도 사용된다

까다로운 장미 관리법

5월이 되어 집집마다 빨간 장미로 장식된 울타리를 보거나, 탐스러운 꽃송이에서 풍기는 장미향을 접한 사람들은 직접 장미를 길러보고 싶다는 생각을 하게 된다. 울타리를 장식하는 빨간 장미는 별 문제 없이 쉽게 잘 자라는 듯 보이지만 생각보다 어렵다는 것을 곧 깨닫게 된다. 진딧물을 비롯한 해충이 타기 쉽고, 유기질 비료를 충분히 주지 않으면 풍성하고 아름다운 꽃을 보기가 어려운 까다로운 식물이기 때문이다.

덩굴장미
5월이 되면 이곳저곳에서 울타리의 빨간 장미를 흔히 볼 수 있으나 덩굴장미에는 빨간색 이외에도 여러 가지 색과 크기의 꽃이 있다.

그러나 장미의 매력을 간단히 포기할 수는 없다. 다른 식물보다 조금만 더 신경을 쓰면 장미의 아름다움을 만끽할 수 있다.

장미에 적합한 환경 장미는 비옥하고, 배수는 잘되지만 보수력과 보비력이 뛰어난 땅을 좋아한다. 진흙땅인 경우는 모래를 섞고 퇴비를 많이 주어 배수와 공기 유통이 잘되는 토양으로 만들어주어야 한다. 장미는 또한 유기질 비료를 좋아한다. 화학 비료 대신 퇴비와 닭똥 등의 유기질 비료를 주면, 미량 요소 등이 충분히 공급되어 꽃색이 아주 좋아진다.

그리고 생육 기간 동안 하루에 적어도 네 시간 이상의 직사광선을 받을 수 있는 곳이라야 제 모양의 꽃을 피운다. 바람이 잘 통하는 곳을 좋아하지만, 바람이 거센 언덕바지 등은 겨울철에 얼어 죽을 염려가 있으므로 바람직하지 않다. 장미는 큰 나무들 사이나 담벼락에 의해 그늘이 지는 곳을 싫어한다. 이런 곳에 장미를 심으면, 가늘고 긴 가지와 볼품없는 몇 송이의 꽃을 피울 뿐이다.

장미의 선택 장미는 해동이 되면 바로 심을 수 있게 3월 말에서 4월 초에 구한다. 장미의 종류는 용도에 따라 선택한다.

- 창틀이나 발코니의 용기 정원: 미니장미
- 울타리용: 관목 장미
- 벽면, 아치, 퍼걸러 용: 덩굴장미
- 화단용: 다량의 하이브리드 티와 플로리번다
- 경계용: 하이브리드 티, 플로리번다, 관목 장미
- 지피(地被)용: 미니장미를 비롯해 낮게 자라는 특성을 가진 장미

심기 심을 구덩이는 깊고 넓게 파는 것이 좋다. 나쁜 땅일수록 깊고 넓게 파야 하지만, 나쁜 땅은 구덩이 파기가 더 어려운 것이 사실이다. 심을 묘목의 크기에 따라 다르지만, 보통 직경은 35~40센티미터, 깊이는 40~50센티미터 정도로 판다. 땅이 좋지 못한 경우에는 반드시 밑거름을 하는 것이 중요하다. 밑거름으로 계분, 돈분, 깻묵, 썩힌 낙엽, 퇴비 등을 쓰면 비료의 효능뿐 아니라 토양의 물리적 성질까지 바꿔주는 이중의 효과를 얻을 수 있다.

밑거름을 줄 때는 묘목의 뿌리에 직접 닿지 않도록 해야 한다. 먼

허브로서의 장미
장미는 꽃을 감상하는 화목류인 동시에 허브에서도 중요하게 다뤄진다. 꽃은 식용으로 분류되어 생꽃잎을 사용한 장미티터나 여러 가지 후식을 만들 수 있다. 뿐만 아니라 말린 장미 꽃잎이나 열매(rose hip)는 차로 이용된다.

장미버터 만드는 법
버터 225g, 설탕 1ts, 가늘게 썬 장미 꽃잎 2ts를 잘 섞고 원하는 향을 약간 첨가해 냉장고에서 굳혀 사용한다.

저 구덩이를 파서 적당량의 밑거름을 넣고 한두 삽의 흙을 보태 잘 섞은 후, 그 위에 다시 흙을 10센티미터 이상 덮고 묘목을 올려놓는다. 묘목의 뿌리를 묶은 비닐 끈을 잘라내고 흙이 떨어지지 않게 주의해야 한다. 간혹 외국에 주문하면 흙이 완전히 제거된 채로 묘목이 도착하는데, 이렇게 흙을 다 제거한 장미를 심을 때는 뿌리를 잘 펴고 흙이 뿌리 사이로 고루 들어가도록 해준다.

보통은 접목 부위가 너무 깊이 들어가지 않도록 심는다. 그러나 우리나라의 겨울은 장미가 얼 만큼 춥기 때문에 접목 부위로 약 5센티미터 정도 덮이도록 자리를 잡아야 한다. 배수가 잘 안 되는 땅에서는 뿌리가 장마철에 물에 잠기지 않도록 높게 심는다. 심고난 후에는 바로 물을 주는데, 호수를 땅속 깊이 꽂고 물이 충분히 들어가서 뿌리와 땅이 하나 되도록 한다. 물 주기가 끝나면 흙이 꺼지는데, 그 정도를 보고 많이 내려간 경우는 흙을 더 덮어 높이를 조절한다.

물 주기와 멀칭 장미는 배수가 잘되는 땅을 좋아하지만 물을 매우 좋아하는 특성이 있다. 장미를 접목할 때 대목으로 쓰이는 찔레는 빛이 많이 드는 건조한 땅보다 빛이 덜 들더라도 수분이 충분한 개울가에서 무성히 자란다. 재배종 장미도 찔레처럼 물을 좋아하는 성질을 유지하고 있다. 특히 꽃봉오리가 보이기 시작하면 물이 계속 공급되어야 탐스러운 꽃을 피운다. 사계 장미도 물 공급이 순조로울 때 최고의 기량을 발휘한다.

물이 부족하면 잎이 힘없이 시들고 아래쪽에서부터 누렇게 낙엽이 지기 시작한다. 장미를 기르는 데 있어서는 잎을 잘 유지하는 것이 좋은 꽃을 보는 비결이다. 물을 줄 때는 잎만 적시는 것이 아니

라 뿌리 쪽까지 흠뻑 젖도록 충분히 주어야 한다. 그러나 물을 자주 주면 땅이 단단해지고, 진흙 성분이 많은 땅은 갈라지기도 하며, 뿌리가 호흡 장애를 받아 결국은 썩게 된다.

5월의 건조기와 한여름의 물 주기는 식물에게 큰 도움이 되지만, 초봄이나 늦가을에는 지온을 낮춰 해로울 수 있다. 장미의 건조와 고온기의 지온 상승을 막고 제초의 수고를 덜기 위해서는 멀칭(mulching: 덮어주기)을 하는 것이 좋다. 멀칭에는 낙엽, 짚, 왕겨 등이 사용되지만 구하기가 쉽지 않다. 멀칭을 쉽게 하려면 잔디 깎은 것을 버리지 말고 장미 뿌리 주변에 덮거나 원예용 퇴비를 듬뿍 부어준다.

> **장미에 물 주기 요령**
> - 물은 자주 주지 말고 충분히 준다.
> - 뿌리 전체가 젖도록 충분히 주지만, 다음 물 주기까지는 표토가 약간 마르도록 한다.
> - 호스의 물을 끊기 전에 뿌리까지 물이 닿았는가 확인한다.
> - 물 준 흙에 손가락을 넣어 얼마나 쉽게 들어가는지 확인한 후 수도를 잠근다.

비료 주기 묵은 장미 묘에는 해동이 되면서 튼튼한 눈이 나올 수 있도록 이른 봄부터 비료를 주기 시작한다. 하지만 장미를 심자마자 비료를 바로 주는 것은 약해를 줄 수 있으므로 특히 화학 비료 시비에 주의해야 한다. 깻묵을 10배로 희석해 한 그루에 2리터씩 듬뿍 준다. 효과가 조금 더디기는 하지만 깻묵, 계분, 퇴비 등의 고형 비료를 뿌리 턱에서 좀 떨어진 곳에 주는 것이 쉽다. 장미는 비료를 전혀 안 줘도 해마다 꽃을 피우지만, 탐스러운 꽃을 계속 보기 위해서는 비료 주기를 게을리하면 안 된다. 장미는 육성 과정에서 집중적인 관리를 받아왔기 때문에 비료의 효과가 크다. 이른 봄부터 복합 비료를 주기 시작해서 꽃봉오리가 보이면 비료 주기를 그쳐야 한다. 특히 질소질 비료를 많이 주면 잎만 무성하고 꽃이 빈약해진다.

가지 손질(전지와 전정) 장미는 해마다 첫 꽃이 지고나면 지표 부분의 접목 부위에서 햇순(도장지)이 왕성하게 자라고 묵은 가지는 세력을 잃는 특징이 있다. 이 도장지를 잘 키우는 것이 이듬해에 탐스러운 꽃을 피우게 하는 관건이다. 그러므로 기본적인 가지 손질은 여름에 자란 굵은 3~4개의 도장지를 남겨두고 나머지 세력을 잃은 가지나 안쪽으로 뻗은 가지를 밑에서부터 깨끗이 잘라 서로 엉키지 않도록 하는 것이다. 가지 손질에는 시기별로 조금씩 다른 방법이 필요하다.

🌸 봄철 손질 : 겨울을 나면서 동해를 입은 가지가 있으면 모두 잘라낸다. 가지를 자를 때는 25~30센티미터 높이로 면은 45도쯤 비스듬히 잘라 물이 잘 흘러내리도록 하는데, 자른 면에 물이 고이면서 병원균이 자라는 것을 방지하기 위해서다. 자르는 위치는 가지를 중심으로 볼 때 눈이 바깥으로 향한 자리에서 전정(剪定)함으로써, 새로운 가지가 밖을 향해 자랄 수 있도록 한다.

🌸 개화 시기의 손질 : 하이브리드 티 계통은 큰 꽃을 보기 위해

중앙의 큰 봉오리를 제외한 나머지 꽃눈을 모두 따준다. 반면에 플로리번다 계통은 세력이 강한 가지나 도장지의 제일 위에 녹두알만큼 커진 봉오리를 따주면, 곁봉오리들이 왕성하게 자라며 한 가지에 50송이 이상의 꽃을 피운다. 꽃이 시든 후에 특별히 장미 열매를 키우고자 하는 목적이 없다면, 양분이 열매 대신 잎이나 꽃으로 분배되도록 시든 꽃을 따준다. 어리거나 약한 묘에서는 도장지가 튼튼하게 잘 자라게 하기 위해서 꽃이 피기 전에 봉오리를 따주거나 위에서 얕게 잘라준다.

하이브리드 티 계의 꽃봉오리 손질을 위해서는 꽃이 편 가지에 대해 알아야 하는데, 장미의 잎은 여러 개의 작은 잎이 한 자루가 되어 줄기에 부착되는 소엽계이다. 하이브리드 티 계는 일반적으로 꽃봉오리 바로 밑에는 한 자루에 잎이 하나 붙은 1매엽(枚葉)이 1개, 3개의 잎이 달린 3매엽이 2~3개, 그 밑으로 잎이 5개 붙은 5매엽(본엽)이 6~8개 있고, 그 밑에 다시 3매엽 2개가 자리한다. 큰 꽃을 보기 위해서는 기부(基部)로부터 4번째 5매 본엽 바로 위에서 잘라준다. 반면 플로리번다 계는 자르는 자리를 기부로 낮출수록 초장(草長)이 길게 자란다.

🌸 가을 꽃을 위한 손질 : 가을 꽃을 보기 위해서는 특히 가지 손질에 유의해야 한다. 8월 중순 무렵, 봄부터 자란 가지 중에 약한 가지는 밑에서부터 잘라내고 나머지는 나무 전체를 3분의 2 정도의 높이로 전지(剪枝)해준다. 그러면 9월 중순에서 10월 초 사이에 봄의 첫 꽃보다 아름다운 장미꽃을 다시 감상할 수 있다. 가을꽃이 지면 늦어도 11월 중순까지 겨울 준비를 위한 전정을 마쳐야 하는데, 이때 약한 가지는 밑에서부터 없애고 튼튼한 가지를 남겨 지상에서 50센티미터 높이로 전정해준다.

겨울 준비 장미를 심을 때는 늘 내한성을 생각해야 한다. 많은 종류의 장미가 서울을 비롯한 중부 지역에서 특별한 보호 없이는 겨울을 나기가 어렵다. 품종의 내한 정도에 대한 조언을 얻기 위해서는 장미 전문점을 이용하면 편리하다.

내한성이 약한 식물들은 기온이 본격적으로 낮아지는 11월 중순경에 지표에서부터 50센티미터 정도로 전정하고 적당히 묶은 후, 지면 위 30센티미터까지 흙을 덮어주거나 짚으로 가지를 두텁게 싸준다. 이 경우에도 아랫부분을 잘 싸주고 15센티미터 정도 복토를 해주어 새로운 가지가 자랄 부분을 보호해준다. 작은 장미들은

장미 전정
꽃을 제대로 피우기 위해서는 전정과 시든 꽃의 되자르기가 필수적이다. 덩굴장미는 일반 장미의 전정과 달리 죽은 가지와 서로 많이 겹치는 가지만 잘라내고 위는 그대로 두어 덩굴이 잘 뻗어나가도록 한다.

비닐 쓰레기통 등을 덮어주어도 좋다. 모아 심기를 한 장미는 비닐 터널을 이용한 보온이 편리하며, 터널 사이에는 캐시밀론 솜처럼 보온에 도움이 되는 물질을 넣어 보강하도록 한다. 내한성이 약한 덩굴장미는 지상 1미터까지 짚으로 단단히 싸주고, 뿌리 주변에는 높게 복토해서 보온에 도움이 되도록 한다. 추위가 심한 곳에서는 덩굴장미 가지를 모아 적당히 묶어서 옆으로 누인 후 그 위에 흙을 덮어준다. 보온을 위한 처리들은 해동과 동시에 바로 제거해주어야 한다.

병충해 관리 장미에서 가장 문제가 되는 병은 흰가루병과 흑반병이며, 해충으로는 진딧물, 응애류, 잎말이나방류 애벌레, 심식충 등이 있다.

🌼 흰가루병 : 봄에 습기가 많을 때는 잎에 흰 가루를 바른 듯한 흰가루병이 생기기 쉽다. 그러나 흰가루병의 발병 적온은 섭씨 17~25도이며 습도는 23~99%로 그 범위가 상당히 넓기 때문에, 온도가 낮고 습할 때뿐 아니라 고온 저습한 경우에도 발병할 수 있다. 흰가루병이 번지기 시작하는 초기에는 피해가 별로 없지만, 심해지면 흰가루가 잎과 줄기 전체를 덮어 식물의 광합성 능력을 저하시킨다. 무엇보다도 튼튼한 식물로 키워 예방하는 것이 중요하겠지만, 일단 발병되면 황을 포함한 농약이 유효하다. 석회유황합제 7배액을 휴면기인 12~2월 사이에 살포하거나, 생육기에 '트리후민' 1,000~2,000배액을 잎, 줄기, 신초(햇가지)의 앞뒷면에 고르게 살포한다.

🌼 흑반병 : 잎에 검은 반점이 생기는 흑반병에는 '다이젠'이나

장미 관리 계획

3월 : 묵은 장미의 전정을 끝낸다.
4월 : 비료 주기를 시작한다. 새로 구입한 장미를 심는다.
5월 : 살충제를 1회 살포한다. 도장지를 모두 잘라낸다.
6월 : 꽃이 잘 피게 하기 위해 비료를 준다.
7월 : 꽃이 지면 바로 시든 꽃송이를 따준다.
8월 : 퇴비 등의 유기질 비료를 준다.
9월 : 사계 장미의 경우에 꽃 따주기를 한다.
       덩굴장미를 다시 잘 매주고 병충해에 유의한다.
10월 : 번식을 위한 삽목(꺾꽂이)을 할 수 있다.
11월 : 11월 초까지 장미 심기를 마친다.
12월 : 북주기(뿌리나 밑줄기를 흙으로 덮어주기),
       가지 싸주기 등의 겨울나기 준비를 완료한다.

1,000배액
1,000배액은 농약이나 비료 등의 액체를 희석하는 용어로, 물 1리터에 1씨씨 또는 1그램의 비율로 희석한 액체를 말한다.

'벤레트' 등을 희석해 6~9월 중순까지 살포하되, 장맛비가 그친 후에는 매번 살포한다. 귀찮은 작업이기는 하지만 튼튼한 잎을 유지해 아름다운 꽃을 계속보기 위해서 절대적으로 필요한 일이다.

❀ 진딧물 : 장미의 어린순에는 진딧물이 많이 낀다. 진딧물이 하나 둘 눈에 띄기 시작하면 즉시 진딧물 약을 살포해 조기에 번식을 막아주는 것이 필요하다. 시중에 많이 나와 있는 진딧물 약을 권장 희석액으로 살포한다.

❀ 잎말이나방류 애벌레 및 심식충 : 잎에 벌레가 씹은 자리가 발견되면 바로 '다이메크론'이나 '디디브이피' 유제 1,000배액을 살포한다.

❀ 응애류 : 응애류는 여러 종류가 있다. 잎 표면에 흰색에 가까

운 연한 갈색의 작은 반점이 보이는데, 뒤집어보면 눈에 잘 띄지 않는 작은 응애들이 있는 것이 확인된다. 이때는 '살비왕' 등을 살포한다.

이상에서 본 바와 같이 장미는 손이 많이 가고 농약을 빈번하게 사용하는 식물이다. 그러나 무엇보다 장미 식물체 자체가 튼튼히 자라도록 생육 조건을 만들고 끊임없이 관찰하면서 문제를 초기에 발견해 해결하면 농약의 도움 없이도 병충해를 퇴치하고 아름다운 꽃을 감상할 수 있다.

몸과 마음을 풍성하게, 채소정원

웰빙과 함께 찾아온 식생활의 변화로 샐러드가 식탁에 자주 오른다. 생채소를 중심으로 간장을 소스의 주재료로 하면 칼로리도 높지 않고, 우리 입맛에 맞는 훌륭한 샐러드가 된다. 그러나 즐겨 먹는 채소에 혹시 남아 있을지도 모를 농약 때문에 불안한 마음이 들기도 한다.

채소를 직접 길러 먹고 싶은 마음은 굴뚝같지만 마땅한 땅도 없고 방법도 몰라 생각만 할 뿐이다. 그렇지만 작은 화분에 거즈를 깔고 콩을 넣은 후 목욕탕에 두고 하루에 4~5회씩 물을 부어주면 닷새만 지나도 먹기에 족한 콩나물로 자라고, 움푹한 접시에 키친 타월을 깔아 무 종자를 넣고 물을 말리지 않으면 훌륭한 무순이 자란다.

채소 기르기
무순을 비롯한 새싹 기르기와 상추 및 쑥갓 재배는 아파트에서도 손쉽게 할 수 있으며, 토마토·오이·고추도 작은 텃밭이나 대형 화분을 이용해 기를 수 있다.

전문적으로 채소를 재배할 수는 없지만, 약간의 지식과 성의만 있으면 집안에 채소원을 마련할 수 있다. 작은 씨앗에서 싹이 트고 자라서 어느 날 식탁에 오르는 과정을 지켜보는 아이들은 생명에 대한 신비함과 자연의 이치에 눈뜨게 된다. 자연 학습을 통한 창의력 발달은 바로 어머니의 작은 창가 정원에서 시작된다.

상추 기르기

채소는 20일 무같이 한 달이면 충분히 수확하는 것도 있지만 대개 2~3개월이 걸린다. 그러나 상추, 배추, 쑥갓, 시금치 등의 잎을 활용하는 엽채류는 다 자라지 않아도 먹을 수 있다. 싹이 터서 다 자랄 때까지는 여러 번 솎음질을 해줘야 하는데, 이때 솎아낸 묘를 샐러드나 비빔밥 또는 된장찌개에 같이 넣으면 풍미를 즐길 수 있다. 상추는 중간중간 솎아 먹기도 하지만, 잎이 무성해지면 밑에서부터 필요한 만큼 따서 먹을 수 있다.

잎을 먹는 엽채류나 무, 당근과 같이 뿌리를 먹는 근채류는 원칙적으로 기르는 방법이 같다. 당근이나 무는 완전히 자라기 전까지 엽채류처럼 솎아서 먹기도 하는데, 특히 당근 잎사귀는 감자 스프에 살짝 띄우거나 튀김을 하면 훌륭한 요리가 된다.

이들 채소의 재배는 비교적 간단한 편이다. 그 중에서도 널리 애용되고 재배하기 쉬운 상추부터 시작하면 자신감을 얻고 다른 채소에도 도전할 수 있다. 상추의 발아 적온은 15~20도이다. 25도가 넘으면 발아율이 떨어지므로 3~5월이나 9~10월에 파종한다. 겨울에도 실내에서는 잘 발아하지만 25도가 넘는 한여름은 피하는 것이

좋다. 더욱이 장일 조건이 되면 꽃대가 나오며 꽃이 피기 때문에 6월 이후의 파종은 적합하지 않다. 씨 뿌리는 흙은 피트모스, 펄라이트, 밭흙 및 모래를 배합해 스스로 준비할 수도 있지만, 전문 지식이 요구된다. 그러므로 시판되는 원예용 상토의 사용을 추천한다.

파종 8센티미터 미만 높이의 파종분에 시판되는 파종용 상토를 화분의 위에서 2~3센티미터 되도록 넣고 씨앗이 한군데 몰리지 않도록 유의하여 뿌린다. 시판 상토는 보통 물을 충분히 흡수하면 3배까지도 팽창하므로 화분 윗부분까지 상토를 채워넣는 것은 금물이다.

초보자가 뭉치지 않게 씨앗을 고르게 뿌리기란 쉬운 일이 아닌데, 반으로 접은 종이에 종자를 올려놓고 종이 아래를 손가락으로 톡톡 치면 흩뿌리기가 수월하다. 씨를 뿌린 후에는 손바닥이나 나무토막 등으로 가볍게 눌러 종자가 자리를 잡도록 한다. 그 위에 신문지나 흙을 살짝 덮어주고 분무기나 물뿌리개로 물을 뿌린다. 상추는 혐광성 종자에 속하기 때문에 종자가 빛에 노출되지 않게 신문지를 덮고 물을 다시 뿌려주는 것이다. 신문지가 마르면 또 물을 주고, 발아할 때까지는 반음지에 두어 모판이 마르지 않도록 주의해야 한다.

솎기 씨를 뿌린 후 5~8일이 지나 발아가 시작되면 덮었던 신문지를 치우고, 발아한 묘가 웃자라지 않도록 해가 잘 드는 곳으로 이동시킨다. 반듯하지 않고 구불구불 자라거나 잎이 기형인 묘, 너무 일찍 또는 늦게 발아해 평균보다 크거나 작은 묘, 너무 촘촘하게 난 묘 등을 2~3회에 걸쳐 솎아낸다. 씨를 너무 많이 뿌린 경우에는 솎아낼 때 여러 개의 묘가 한꺼번에 딸려나올 수 있으므로 찬찬히 조심해서 한 개씩 뽑아낸다.

본엽이 3~4장이 되면 잎이 서로 닿지 않도록 솎아내는데, 처음에 너무 많이 솎아내면 묘의 생육이 늦어진다. 묘가 서로 닿지는 않으나 충분히 가까이 있어야 식물들 간에 경합이 되어 더 잘 자란다.

아주심기 화분이나 플랜터에 파종한 후 계속 솎기만 하면서 키울 수도 있지만, 보다 크고 튼튼한 상추를 얻으려면 다른 분이나 밭에 아주심기를 한다. 본엽이 5매 이상 되면 아주심기가 가능하다. 낱개의 화분에 심을 때는 5호 화분(지름 15센티미터)에 한 포기씩 심고, 높이 15센티미터의 플랜터(발코니 재식용 긴 사각 화분)에 심을 때는 10센티미터 간격으로 심는다. 우선 모종을 심을 자리는 나무젓가락으로 미리 구멍을 파놓는다. 그리고 핀셋 등을 사용해 원뿌리의 흙이 떨어지지 않게 묘판에서 뽑아 그 구멍에 심는다.

밭에 아주심기를 하지 않고 플랜터에서 키워 수확하려면 특별히 시비를 하지 않고 물만 준다. 하이포넥스와 같은 물비료로 시비할 수는 있으나 화학 비료를 주는 것은 위험하다. 아주심기를 하는 화분에 밑거름으로 퇴비를 넣는 것은 가정 유기농법의 시작이 된다. 외부 정원에 아주심기를 할 때는 이랑을 만들고 멀칭을 한 후에 두 줄씩 엇갈려 심으며, 잎상추는 25센티미터, 결구상추는 30센티미터씩 포기 간격을 두고 심는다.

같은 방법으로 기를 수 있는 채소로는 쑥갓, 배추, 청경채, 아욱, 무, 당근, 들깨 등이 있다.

엽채류 심기
배추나 상추같이 포기가 커지는 묘는 적어도 모종삽만큼의 간격으로 심어야 한다. 치마상추와 달리 축면상추는 포기가 커져서 띄어 심었어도 두렁 전체를 덮게 된다.

방울토마토 기르기

토마토, 고추, 가지, 오이와 같이 열매를 먹는 과채류는 잎과 줄기가 자라는 동시에 저장 양분을 과실에 비축한다. 그래서 강한 햇볕에 장시간 노출될수록 광합성량이 많아져 열매가 많이 열리고 커진다. 방울토마토는 한 나무만 잘 길러도 심심치 않은 수확으로 샐러드 접시를 풍성하게 할 수 있다. 또한 병충해에도 비교적 강해 초보자도 기르기 쉽다. 그러나 방울토마토는 햇빛을 많이 필요로 하는 채소이므로 하루에 적어도 네 시간 이상 햇빛이 잘 드는 곳에서만 재배가 가능하다.

아주심기 아주심기에 필요한 묘는 자신이 직접 파종해서 얻을 수도 있지만, 손쉽게 화원이나 꽃시장에서 구입하는 것이 경제적이고 안전하다. 모종을 옮겨심는 시기는 4월 하순에서 5월 중순이 적당하다. 화분에 아주심기를 할 때는 7호 정도의 충분히 큰 화분에 한 개의 묘를 심는다. 원예용 퇴비를 넣고 묘가 들어갈 자리를 미리 파놓는다. 비닐 포트(pot)에 심어져 있는 모종일 경우에는 모를 들어내기 전에 비닐 화분 채 준비된 화분에 들어 깊이를 확인하여 구멍이 너무 얕거나 깊지 않도록 만든다.

비닐 화분에서 모를 뽑을 때는 뿌리가 상하지 않고 모종에 붙어 있는 흙이 떨어지지 않도록 주의한다. 모를 옮겨심은 후에는 흙을 덮어 손으로 살살 눌러주고 물을 충분히 뿌려 뿌리가 상하지 않고 제자리를 잡게 한다. 물을 흡수해 흙이 꺼지면 낮아진 부분에 흙을 더 보충해 화분의 표면을 고르게 한다. 외부 정원에 심을 때는 이랑을 만들어 50센티미터 이상의 간격으로 띄워 심는다.

받침대 세우기 방울토마토는 무성하게 자라고, 더욱이 열매가 맺히기 시작하면 뿌리가 지상부의 무게를 견디지 못하므로 받침대를 세워 곧장 자라도록 한다. 식물체가 25센티미터 정도로 자라면 받침대를 해주는데, 받침대에 토마토 줄기를 바로 묶지 말고 끈을 8자형으로 돌려 묶는다.

곁순 따주기 방울토마토는 곁순을 따주지 않으면 가지가 무성하게 자라면서 양분 손실을 가져오므로 열매가 제대로 열리지 못한다. 중앙의 순 하나만 그대로 둔 채 곁순은 작을 때 바로바로 따주어 식물을 튼튼하게 기른다.

열매 따기 방울토마토를 수확할 때는 칼이나 가위를 이용한다. 손으로 잡아당겨 토마토 송이를 따면 가지가 찢어지므로 주의해야 한다. 수확한 토마토는 유리그릇에 담아 식탁에 올리면 더욱 신선해 보인다. 토마토가 많이 열릴 때는 병조림으로 토마토 페이스트를 만들고, 믹서에 갈아서 주스로도 마실 수 있어 참으로 흐뭇하다. 끝물에는 푸른 토마토까지 모두 수확해 초절임으로 피클을 만들어두면 두고두고 토마토 재배의 기쁨을 누릴 수 있다. 같은 방법으로 키울 수 있는 채소로는 일반 토마토와 가지 등이 있다.

받침대 세우기
고추, 토마토, 가지와 같이 식물이 크게 자라고 과실이 많이 달리는 식물은 지지대를 세워 쓰러지지 않도록 한다.

고추 기르기

고추는 햇빛과 토양의 습기가 많은 곳에서 잘 자란다. 고온이 생육에 필수적이며 햇빛을 좋아하므로 가능하면 햇빛이 종일 드는 곳에 심어야 열매도 많이 열리고 색도 좋아진다. 한편 여름 더위에는 강하지만 건조에 약하다. 재배 방법은 토마토 기르기에 준하지만 곁순 따주기는 하지 않는다.

파종 파종은 3월 상순부터 중순에 걸쳐 한다. 평평한 상자에 강모래를 넣고 10센티미터의 간격으로 줄뿌림하는데, 종자와 종자의 간격은 2센티미터가 적당하다. 6~7일이면 싹이 트는데, 싹이 튼 다음에 웃자란 모종이나 가지런하지 못한 떡잎을 솎아주면서 튼튼한 묘로 기른다. 본잎이 3~4장이 될 때 다시 한 번 너무 크거나 작은 묘를 솎아내고, 묘와 묘 사이가 서로 닿을 듯한 간격으로 키운

수확의 기쁨
가지, 토마토, 고추를 딸 때 손으로 잡아당기면 가지가 찢어지기 쉬우므로 꽃가위로 자른다. 방울토마토는 낱개로 수확하거나, 기다렸다 송이 전체를 한꺼번에 따기도 한다.

영양가 높은 고추
색깔이 다양한 피망과 붉은 고추는 항산화물질을 다량 함유하고 있으며, 풋고추에는 비타민 C가 풍부하다.

다. 아주심기는 5월 상순에서 중순 사이에 하는데, 보통은 파종하지 않고 이때 묘를 구입해 심는다.

아주심기 아주심기는 5월 상순부터 시작한다. 중부 지방에서는 5월 중순 이후에 하는 것이 안전하다. 아주심기를 하기 전에 폭 150센티미터, 높이 20~30센티미터의 두둑을 미리 만들어놓는다. 두둑에 계분 등의 유기질 비료를 기비로 넣고 흙을 정리한 다음, 비닐 멀칭으로 지온을 올리는 동시에 잡초를 방제한다. 아주심기할 때 포기 간의 간격은 45센티미터 정도로 한다. 묘를 심은 후에는 물을 충분히 주고, 뿌리가 활착되면 지주를 세워주어 쓰러짐을 방지 한다.

병충해 고추는 습기를 좋아하는 식물이지만 과습한 경우에는 병이 나기 쉬우므로 배수에 신경을 써야 한다. 묘가 어릴 때는 뿌리로부터 침입한 세균이 도관을 막아 식물이 푸른 채로 말라죽는 풋마름병, 즉 청고병(靑枯病)이 잘 생긴다. 또 어느 정도 자란 장마철에는 역병균이 도관을 침범해 식물 전체가 말라죽는 경우도 있다. 고추가 열리면 탄저병이 들어 부정형의 반점이 생기면서 고추 열매가 통째로 썩기도 하고, 자벌레 등의 해충 피해도 있다. 고추 농사를 짓는 농가가 많기 때문에 방제약은 원예자재상에서 쉽게 구할 수 있다. 그러나 발병의 가장 중요한 요인은 식물체의 상태다. 그러므로 건실한 묘를 구입해 빛이 잘 들고 과습하지 않은 땅에서 건강한 식물로 키우는 것이 병을 막는 최상의 길이다.

고추 따기 꽃이 핀 후 15일 정도면 열매가 커지기 시작하여 7월 중순부터 푸른 고추를 딸 수 있다. 8월부터는 고추가 붉어지기 시작하는데, 익는 순서에 따라 여러 차례 따거나 포기 전체가 빨갛게 되기를 기다렸다가 9월 말이나 10월 초에 뿌리 가까운 곳을 잘라 전체를 수확하기도 한다. 고추를 딸 때는 가지가 찢어지기 쉬우므로 가위나 칼을 사용해 조심스럽게 수확한다. 같은 방법으로 키울 수 있는 채소는 꽈리고추와 피망 등이다.

오이 기르기

싱그러운 향기와 시원한 맛으로 여름의 식탁을 풍성하게 해주는 채소가 오이다. 5미터 길이의 한 두렁에 심어서 진딧물 피해만 조심하면 첫 수확 이후로는 다 처리할 수 없을 정도로 열매가 많이 열린다. 오이의 생육 적온은 20~25도이며, 햇볕과 습기를 좋아한다. 특히 뿌리가 얕게 분포하기 때문에 토양 수분이 부족할 때는 생육에 큰 장해를 준다. 그러나 과습하면 토양 중의 통기 불량으로 뿌리의 기

오이 순지르기
오이는 순지르기를 철저히 해야 많은 열매를 거둘 수 있는 반면, 호박은 순지르기 등의 작업 없이도 잘 자라는 편이다.

능이 쇠퇴하여 병균에 약한 식물이 된다.

파종 직파는 5월 초부터 시작한다. 50~60센티미터 간격으로 한 구덩이에 2~3알씩 뿌리고 1센티미터 정도로 복토한다. 오이는 육묘가 어렵기 때문에 묘를 구입하는 것이 안전한데, 본입이 4~5매 정도로 마디 간격이 짧은 튼튼한 묘를 고른다. 내병성이 뛰어난 접목묘를 구입하는 것이 현명하다.

밭에 옮겨심기 90센티미터 간격의 이랑을 만들고 5월 상순부터 밭에 옮겨심는다. 포기 사이는 50~60센티미터 정도 띄우고, 심는 방법은 토마토 심기에 준한다. 받침대를 하지 않아도 재배가 가능하지만, 장마철에는 흙이 많이 튀고 토양 중의 병원균이 오염될 가능성이 있으므로 받침대를 해주는 편이 낫다. 생장이 시작될 때 150센티미터 정도의 받침대를 세워 유인하면서 붙잡아 매두면 식물이

멀칭하기

여러 가지 채소를 밭에 키울 때는 잡초가 문제다. 5월, 따뜻한 날씨와 더불어 시작된 잡초와의 전쟁은 6월부터 본격적이 된다. 하지만 바쁜 일상생활로 잠시 게을리 하면, 게다가 비라도 몇 번 오면 채소밭은 곧 잡초 밭이 된다. 이러한 어려움에서 벗어나는 방법은 멀칭(덮기)을 하는 것이다.

가장 쉽고 비교적 확실한 방법은 비닐 멀칭이다. 원예 자재상에서 여러 종류의 멀칭 비닐을 구입할 수 있다. 이랑 위에 비닐을 덮고 가장자리는 흙 속에 묻어 들뜨지 않게 만든 다음 묘를 심을 자리만 뚫어주면 된다. 비닐 멀칭은 제초의 수고를 덜어주고 이른 봄의 지온을 높일 뿐 아니라 토양 수분 조절 등의 효과를 발휘한다. 그러나 농용 비닐은 썩지 않고 또 다른 환경 오염원이 되므로 유기농을 지향한다면 다른 방법을 찾아야 한다.

비닐 대신 신문지로 멀칭을 하는 방법도 있다. 즉 두둑 위에 신문지를 2~3겹으로 덮으면서 가장자리를 흙에 묻고 물을 준 후에 구멍을 내고 씨나 모종을 심는다.

그 외에도 유기농에 적합한 멀칭 재료는 여러 가지가 있다. 주위에서 뽑거나 잘라낸 잡초를 심어놓은 채소 주위에 덮어주는 방법도 있다. 이때 주의할 점은 뽑아낸 잡초가 다시 뿌리를 내리지 못하도록 흙을 다 털어 뿌리가 하늘을 향하도록 하고, 잘라낸 잡초에는 씨가 붙어 오지 못하게 해야 한다. 반쯤 썩은 퇴비는 훌륭한 멀칭 재료일 뿐 아니라 비료가 되기도 한다. 그 외에 나무껍질이나 나무를 전정하고 남은 가지들을 잘게 썰어 모 주위에 덮어주면 잡초의 생육을 억제할 수 있다.

튼튼히 자라고 수확하기도 편리하다.

순지르기 오이의 암꽃은 어미 덩굴보다 새끼나 손자 덩굴에서 주로 핀다. 어미줄기를 내어 기를 경우는 밑에서 세워 받침대에 묶으면서 5매까지의 잎에서 나오는 아들 줄기를 차례로 따버린다. 그 후로 나오는 아들 줄기는 잎이 2~3매 자라면 끝을 순지르기하여 손자 줄기가 새롭게 나오도록 한다.

콩 기르기

강낭콩, 풋콩, 완두 등의 콩 종류들은 비료를 많이 필요로 하지 않을 뿐 아니라 잡초에도 비교적 강해서 재배하기 쉬운 편이다. 덩굴성의 완두와 강낭콩은 받침대를 세워주어야 하지만, 풋콩은 집안의 햇빛이 잘 드는 빈 터 어느 곳에서나 잘 자란다.

씨 뿌리기 강낭콩과 풋콩은 4월 말이나 5월 초에 밭에 직접 파종한다. 씨 뿌리는 간격은 30센티미터 정도가 적당하며, 씨는 한 구멍에 3알씩 뿌린다. 콩을 좋아하는 새들이 날아들어 씨앗을 먹어버릴 우려가 있으므로 피해를 막을 방안을 강구해야 한다. 싹이 날 때까지 신문지를 덮거나 빈 페트병을 잘라 덮어주면 보온도 되고 새로부터 씨앗을 지킬 수도 있다.

완두의 경우 모종을 구입하면 서리 피해 우려가 없는 4월 말부터 심을 수 있지만, 종자를 직접 심을 때는 전년도에 심는다. 완두는 저온에 강하고 고온에 약한 채소다. 그러므로 본격적인 더위가 오기 전에 수확하려면 아주 춥거나 더운 곳을 제외하고는 가을에 파종해 이듬해 초여름에 수확한다. 가을에 너무 일찍 씨를 뿌리면 크게 자라 겨울 동안에 피해를 보고, 너무 늦게 뿌리면 뿌리가 제대로 자라지 않은 채로 겨울을 맞게 되어 피해를 본다. 심는 환경에 따라 10월 말에서 11월 초에 파종한다.

받침대 세우기 완두와 강낭콩이 발아하여 어느 정도 자라서 덩굴이 보이기 시작하면 받침대를 세워준다. 완두는 가늘고 짧은 1미터 미만의 받침대가 적당하나, 강낭콩은 그보다 굵고 긴 1.5미터 이상의 받침대를 세우고 콩이 받침대를 따라 잘 자라도록 유인한다. 강낭콩 종류 중에는 덩굴성이 아닌 것도 있으니 유의해야 한다.

골라 기르는 재미, 허브정원

최근 우리가 자주 접하는 허브는 전 세계적으로 유행하고 있다. 허브는 음식에서 시작해 샴푸나 비누 같은 생활용품, 향 치료나 자연 치유의 대상으로 우리 가까이에 있다. 무언가 신비한 영향력을 가진 단어로 암시되는 허브는 보다 넓은 범위에서 좀더 가깝게 우리의 일상생활로 파고들고 있다.

허브(herb)란 말은 녹색의 풀을 나타내는 라틴어의 'herba'에서 유래했다. 그러나 현재는 '요리나 약용으로 이용되고, 방향의 기능으로 인간의 생활에 도움이 되는 향기가 나는 풀'로 그 범위가 축소되었다. 오래 전부터 서양에서 전해 내려오던 허브의 약효, 종교 예식에서의 활용, 향 치료(aroma therapy)에 대한 전설 등이 현대에 들어와서 과학적 사실로 확인되면서 허브에 대한 관심이 되살아나고 새롭게 각광받고 있다.

대부분의 허브는 일반 화초와 같이 화단 장식용으로 적합한 아름다운 식물이다. 뿐만 아니라 요리의 격조를 높이는 향신료로 사용되거나, 향기로운 차와 천연의 미용 재료가 된다. 허브는 정원이 없어도 즐길 수 있다. 화분이나 상자에 심어서 부엌 창가나 발코니에 두면, 신선한 요리의 재료로 활용하는 동시에 모양과 향을 즐길 수 있는 훌륭한 정원이 된다. 더욱이 자그마한 땅이라도 있다면 손쉽게 허브 정원을 꾸밀 수 있다. 그러나 막상 허브 정원을 시작하고자 하면 종류가 하도 다양해서 무엇을 심어야 할지 결정하기가 쉽지 않다. 허브를 선택할 때는 우선 용도를 정해야 한다. 그러고 나서 식물이 자랄 환경, 예컨대 볕은 잘 드는지, 땅의 습도는 어느 정도인지 등을 고려해야 한다.

용도에 따른 적합한 허브 선택법을 살펴보자.

로즈메리
기억력을 좋게 한다고 하여 그리스 학생들은 시험 때 로즈메리 화관을 썼다고 한다.

식용 허브에서 미용 허브까지 다양한 허브의 종류

허브를 이용 면에서 구분해보면 식용 허브, 향 위주의 허브, 차의 재료가 되는 허브, 약용 허브, 미용 재료가 되는 허브 등이 있다.

식용 허브 허브를 처음 기르거나 심을 자리가 넓지 않다면 식용 허브부터 시작하는 것이 좋다. 집에서 기르는 식용 허브의 장점은 아무 때나 요리의 특별한 향을 돋워 식구들을 즐겁게 할 수 있다는 데 있다. 식재료로 사용되는 허브가 우리에게는 아직 익숙하지 않지만, 새로운 시도는 삶의 질을 변화시키는 기회가 되기도 한다. 대부분은 서양 요리에서 주로 사용되지만 한국적인 식단에도 도입해볼 만한데, 대표적으로 최

바질과 딜
요리에 맛을 돋우는 용도로 많이 쓰인다.

근 유행하는 허브 비빔밥을 들 수 있다.

특별한 음식과 기막히게 어울려 놀라운 맛을 내는 허브도 있다.

나는 언젠가 외국여행 중에 맛본 토마토샐러드를 잊지 못한다. 그 맛의 비결은 다름아닌 바질과 치즈였다. 바질과 식초, 토마토의 조합은 그야말로 환상적이었다.

이제 식용으로 이용되는 몇 가지 허브를 소개하고자 한다.

❀ 딜(dill) : 달콤하고 향긋한 냄새가 난다. 생선이나 야채와 잘 어울리며, 새우 또는 오이 등과 함께 섞은 찬 샐러드가 일품이다. 종자는 피클을 담글 때 맛을 풍성하게 하며, 잎은 식초나 올리브 오일 속에 넣어서 향을 우려내기도 한다.

❀ 로즈메리(rosemary) : 산뜻하고 시원한 느낌의 향 때문에 고기 요리에 주로 곁들인다. 수프나 소스를 만들 때도 함께 넣는다.

❀ 민트(mint) : 달콤한 박하향이 난다. 과일 샐러드, 요구르트 요리, 그리고 전통적으로 양고기 요리에 곁들여진다.

❀ 바질(basil, *Ocimum basilicum*) : 바질의 속명인 '*Ocimum*'은 그리스어로 향을 즐긴다는 뜻이고, 종명은 왕(*basilicum*)이라는 말에서 유래했다. 즉 왕궁에 어울릴 정도로 굉장한 향을 가졌다는 뜻으로 붙여진 이름이다. 약간 박하 느낌을 풍기며 정향나무(clove)와 같은 향이 있다. 토마토나 마디호박(zucchini)과 잘 어울리고, 푸성귀 샐러드에 곁들이면 좋다. 샐러드용 치즈와 잘 맞을 뿐 아니라 생선과 닭을 비롯한 고기 요리에 곁들이면 맛을 한층 돋운다.

❀ 실란트로 또는 코리앤더(cilantro or coriander) : 묘한 냄새 때문에 처음에는 역겹게 느껴지지만, 익숙해지면 사랑하지 않을 수 없다. 향이 강하며 인도, 멕시코, 타이 음식의 향신료로 쓰이고 있다. 즉 살사, 카레, 칠리 요리에 빠지지 않는다.

❀ 오레가노(oregano) : 매운 맛의 고추 향이 난다. 소스에 넣거나 치즈와 함께 먹으며, 달걀이나 고기와도 잘 어울린다. 그리스와 이태리 요리에 사용된다.

❀ 챠빌(chervil) : 15세기 기록에 의하면, 로마인들은 챠빌을 아주 좋아해서 부엌의 필수품으로 여겼다고 한다. 파슬리 향의 느낌을 주는 허브로서 수프나 스튜에 들어간다. 달걀, 생선, 아스파라거스, 감자, 완두 등과

차이브
보라색의 꽃이 아름다워
화단 장식용으로도 사용된다.

잘 맞는다.

🌸 **차이브(chives)** : 양파 냄새가 난다. 찬 수프, 샐러드, 샌드위치 및 각종 딥(dip)에 넣으면 향을 돋운다.

차이브

🌸 **타임(thyme)** : 레몬 향이 있고, 뒷맛이 진하다. 프랑스 요리에 많이 이용된다. 닭, 생선, 고기 요리에 곁들여지며 수프에도 들어간다. 우리나라의 어느 허브 농원에서는 타임 된장국을 제공하기도 한다.

🌸 **파슬리(parsley)** : 우리나라에서는 맛으로 먹기보다 멋으로 곁들이는 경우가 많다. 그러나 후식을 제외하고는 어느 음식과도 잘 어울리는 것으로 알려져 있다.

한련화

🌸 **꽃을 먹는 허브** : 화단이나 요리를 장식하는 데 그치지 않고 먹기도 하는 꽃은 칼렌둘라(금잔화), 장미, 한련화 등이 있다.

향 위주의 허브 정원에 들어섰을 때 어디선가 풍기는 향기로움은 기분을 황홀하게 한다. 봄날의 라일락, 초여름의 아카시아, 봄에서 늦여름에 이르기까지 아름다운 자태를 자랑하는 장미의 향은 충분히 매혹적이다. 그러나 대부분의 허브는 잎을 손으로 문지르거나 아주 가까이에서 스치고 지나갈 때에 비로소 그 은은한 향을 즐길 수 있다.

영국의 향 치료 전문가 마기 티설랜드(Maggie Tisserand)는 그녀의 저서 《여성을 위한 아로마테라피(Aromatherapy for Women)》에서 아로마가 없는 삶은 상상할 수 없는 일이라며 향 예찬론을 펼쳤다. 허브의 향은 몸과 마음을 건강하게 지켜주고, 특히 피부 미용

•• 마기 티설랜드, 손성희·조태동 옮김 《여성을 위한 아로마테라피》, 대원사, 2003

과 스트레스 해소에 효과적이라고 하였다.

이 책은 긴장감, 차멀미, 정신적 피로, 아기 재우기, 근육통, 발의 통증 등과 같은 다양한 상황에 대처할 수 있는 처방을 제시하고 있다. 물론 그녀가 제시하는 모든 처방이 의학적으로 검증된 효과는 아니다. 그러나 가까이에 허브를 기르면서 긴장 해소와 같은 간단하면서도 효과적인 향 치료 요법을 실제로 경험하는 것은 삶을 보다 풍성하게 해준다.

제라늄

일반적으로 제라늄은 우리나라 사람들이 별로 안 좋아하는 향을 풍기지만, 향 제라늄이라고 하는 허브용 제라늄은 향이 여러 가지다. 그래서 다양한 정유(essential oil)를 만들 수 있는데 사과 향, 장미 향, 민트 향, 레몬 향 및 이들의 혼합 향과 같은 냄새가 있다.

향이 좋은 허브들은 잎이나 꽃을 채취하여 바로 또는 건조한 후에 욕조에 넣기도 하고, 포푸리나 베갯속 등의 재료로 사용한다. 정유를 추출해 향수, 향비누, 향초 등을 만드는 재료로도 쓰인다. 독특한 향이 이용되는 허브로는 라벤더(꽃향기), 레몬밤(레몬 향), 레몬버베나(상쾌한 레몬 향) 등이 있다.

라벤더

이들은 향기로울 뿐 아니라 관상용·식용 약용으로도 활용된다. 예를 들면 레몬버베나는 약효가 뛰어나 허브 차로 이용되는데, 소화를 촉진하고 신경을 안정시키며 이뇨 효과도 뛰어난 것으로 알려져 있다. 또한 잼, 젤리, 주스, 과일 샐러드에 첨가하면 향을 돋우고, 고기나 생선 요리에 곁들임으로써 향미를 더해 준다.

향이 좋은 허브
라벤더(왼쪽)와, 레몬밤(오른쪽)은 달콤하고 독특한 향 때문에 많은 사랑을 받고 있다.

차의 재료가 되는 허브 허브를 기르면서 가장 좋은 일은 손쉽게 허브 차를 준비해 즐길 수 있다는 점이다. 서양에서는 오래 전부터 허브 차가 약용으로 사용되어왔으며, 현재도 민간 요법으로 여러 종류의 차가 활용되고 있다. 하지만 오늘날 많은 사람이 허브 차를 즐기는 이유는 무엇보다도 그윽한 향기가 목을 적시며 마음을 진정시켜 주는 효과 때문이다. 허브 차는 허브 잎을 사용하여 쉽게 준비할 수 있지만, 모든 허브가 차로서 가치가 있는 것은 아니므로 사전 조사가 필요하다. 건조한 잎이나 바로 따온 잎에 뜨거운 물을 부어 적당히 맛이 우러나오도록 수분간 두었다 따라 마시면 된다. 차를 우려내는 시간은 재료에 따라 다르기 때문에 상황에 맞게 적당한 시간을 찾아내는 것이 좋다. 한 방법으로 홍차를 약하게 하고 민트 등의 잎을 띄워 마시는 것도 새로운 차의 조합으로 즐길 만하다.

🍀 레몬밤(lemon balm) : 잎을 이용하는데, 소화를 촉진시키고 정장 작용이 있다. 기억력을 향상시키는 효과도 있다고 한다.

🍀 레몬버베나(lemon verbena) : 상쾌한 레몬 향이 나고 약효도 뛰어나 허브 차로 많이 애용된다. 소화를 촉진하고, 진정 및 이뇨의 효과가 크다.

🍀 레몬타임(lemon thyme) : 잎을 이용하고, 항균·거담·소화 촉진 효과가 있다.

🍀 로즈 힙(rose hip) : 야생 장미의 열매를 말한다. 비타민 C가 풍부하여 건강 음료로 애용되지만, 강한 신맛이 단점이다. 변비, 생리통, 생리불순, 체력 저하에 효과적이다.

🍀 로즈메리(rosemary) : 중추신경계 기능 항진 효과가 있으며, 피부를 부드럽게 하고 근육 긴장을 완화시켜준다.

🍀 재스민(jasmine) : 잎과 꽃을 이용한다. 불안할 때 기분을 고조시키고, 내분비계 조절 작용을 한다.

세이지
약효가 다양한 세이지는 종류도 여러 가지다. 꽃의 색깔도 붉은색에서 보라색에 이르고, 잎도 연녹색·진녹색·붉은색·얼룩무늬 등 다양하다.

민트

❀ 박하류(mints) : 잎을 이용한다. 긴장을 풀고 기력을 회복시킨다. 혼합 차의 기본으로 자주 이용된다.

❀ 베르가모트(bee balm, bergamot) : 신선한 레몬 향으로 차의 재료가 되며, 진정 효과가 있다. 영국 민속에 따르면, 임신을 촉진하는 효과로 알려져 신부들의 혼수품이었다 한다.

❀ 세이지(sage) : 항균·수렴 작용과 내분비계(호르몬) 조절 효과가 있다. 구강 내 질병이나 갱년기 우울증에도 효과적이다.

❀ 안젤리카(angelica, 서양당귀) : 내분비계의 조절 효과가 있고, 여성 호르몬의 균형을 도모한다.

캐모마일 군락
항균·항염·진정·보온 효과를 보여 차로 많이 애용될 뿐 아니라 꽃이 아름다워 좋은 정원 소재가 된다.

- 캐모마일(chamomile) : 꽃을 이용하고, 진정·보온 효과가 있다.
- 캐트닙(catnip) : 꽃과 잎을 이용하며, 숙면을 도와주고 발한을 촉진한다.
- 향제라늄(scented geraniums) : 부드러운 향기는 신경의 긴장감이나 두려움을 해소해 준다.

약용 허브 허브는 전통적으로 민방 요법의 약재로 사용되어왔다. 감기나 두통, 소화불량 등을 치유하기 위해 가정에서 간단히 허브차로 많이 애용되었는데, 근간에는 그 효과가 인정되어 특별한 약

에키네시아
인디언에게는 동양의 인삼과 같은 약초로 인식되어, 만병통치약으로 널리 사용되었다.

•• Ody, P., *100 Great Natural Remedies*, London : Kyle Cathie Lt.,1997
•• Moss, R. W., *Herbs Against Cancer*, New York :Equinox Press,1998

효를 발휘하는 자연 식품 내지는 의약품으로 서구의 슈퍼마켓에 진열된 모습을 쉽게 발견할 수 있다.

약용 허브에 대한 책자도 여러 권 출판되었으며 그 중에는 가정용 치유식물••과 암 치료••를 위한 내용도 있다. 약용으로 사용되는 허브는 단일한 효능만 갖는 것이 아니라 인삼처럼 여러 가지 효능을 갖춘 것으로 알려져 있다. 예를 들면 현재 구미에서 많은 관심을 모으고 있는 에키네시아(purple coneflower, *Echinacea purpurea*)는 여러 가지 효능으로 유명하다. 에키네시아는 아메리카 원주민들이 일반적인 외상이나 뱀에 물렸을 때뿐 아니라 만병통치약으로 널리 쓰던 약초로서, 인삼에 대한 동양의 평가만큼이나 중요하게 취급되고 있다. 아메리칸 인디언들이 상처 치유와 소염제로 쓰던 것을 독일 의사 게르하르트 마다우스(Gerhard Madaus)가 유럽에 종자를 퍼뜨려 유럽 및 미주에서 널리 애용되었다. 에키네시아는 면역 체계를 자극함으로써 감염에 대한 저항성을 증진시킨다고 한다. 또한 피부 상처의 치료 기간을 단축시키고, 피부 염증을 완화시키며, 류머티즘성 관절염에도 유효한 것으로 알려졌다.

약용 허브 중 기르기 쉬운 것은 집안 뜰 어느 한 귀퉁이에 심거나 화분에 심어 창가에 두었다가 필요할 때 간편하게 상비약같이 사용할 수 있다. 자주 이용되는 일곱 가지 약용 허브를 소개하고자 한다.

❀ 금잔화(calendula) : 소염 효과가 있고 피부를 아물게 해주므로 베이거나 다친 상처를 치료하는 데 쓰인다. 꽃을 15분에서 수시간 동안 우려내서 쓰기도 하고, 찧어서 연고로도 사용한다.

❀ 레몬밤 : 편두통에 좋은 효과가 있다. 항바이러스 효과가 있어 입술이 부풀었을 때(헤르페스 감염) 사용이 가능하다.

바질

🌼 바질 : 식용으로 쓰고 있는 바질이 사마귀를 뗀다고 한다. 사마귀가 자라는 부분에 바질을 찧어 문지르면 없어진다는 서양의 민간요법이 전해 내려온다. 실제로 바질은 여러 종류의 항바이러스 물질을 포함한 것으로 알려져 있다.

🌼 세이지 : 세이지는 두통이나 정신적 긴장을 가라앉히는 데 효과가 있으며, 살균력이 뛰어나 편도선이나 잇몸 염증을 치료하는 데 사용했다고 한다.

🌼 캐모마일 : 캐모마일 꽃은 살균·항염 효과가 뛰어나 치근염이 있을 때 구강 소독제로 활용된다.

🌼 펜넬(fennel) : 펜넬은 독특한 향 때문에 요리나 차로 애용되고 있으나, 그리스인들은 정원에 심어 상비약처럼 보관하면서 천식을 치유하는 데 사용했다. 펜넬은 폐포 분비물의 배출을 돕는 물질을 포함한다. 요즈음에는 체중 감량을 위해 허브 차로 마시기도 한다. 임신 중이거나 간질성 질환이 있는 경우에는 사용을 금한다.

🌼 피버퓨(feverfew) : 피버퓨는 살균·강장의 효과가 있고, 소화를 돕는다. 편두통이나 관절염에도 뛰어난 효능이 있는 것으로 알려졌다. 화분에 심어놓고 쓴맛이 강한 피버퓨 잎을 하루에 2~3장씩 꿀에 넣어 먹으면 편두통이나 두통 및 관절염 등의 치료와 예방 효과를 보인다고 한다.

캐모마일

미용 재료가 되는 허브 근간에는 웰빙 바람과 함께 천연 재료를 이용한 미용 재료에 관심이 모아지면서 자연스럽게 허브의 이용이 증가되고 있다. 각종 입욕제가 넘쳐나고 화장품이 허브의 아로마를

앞세우며 출시되고 있다. 집에서 키워 간단히 미용 재료로 활용할 수 있는 허브를 생각해보자.

로만캐모마일

❀ 목욕용

레이디스맨틀 : 상처를 치유하고 수렴 작용을 한다.
마리골드, 야로 : 수렴력이 강하다.
캐모마일, 컴프리 : 상처를 치유하고 피부를 부드럽게 한다.
제라늄 : 피부에 활력을 주며, 발진이나 갈라진 피부에 미용약으로도 사용된다.
레몬그래스 : 피부의 윤기를 좋게 하고, 클렌징 효과가 크다.
라벤더 : 향기가 좋고 소독 작용과 악취를 방제하는 효과가 있으며, 피부에 활력을 준다.
장미 : 로마 시대부터 목욕용 허브로 사용되었으며, 수렴 작용과 주름 예방 효과가 있다.

타임

❀ 머리 손질용

건성 모발 : 컴프리, 세이지, 파슬리
지성 모발 : 마리골드, 호스테일(쇠뜨기), 레몬밤, 라벤더, 민트, 야로, 레몬그래스
비듬이 있는 모발 : 캐모마일, 파슬리, 로즈메리, 타임

로즈메리

❀ 피부 손질용

클렌징용 : 댄더라이언(서양민들레), 장미, 야로, 로즈메리, 라벤더, 타임, 컴프리, 챠빌, 캐모마일, 민트, 세이지
토닉용 : 야로, 레이디스맨틀, 세이지, 레몬그래스, 라벤더, 파슬리, 펜넬, 로즈메리
미백용 : 엘더플라워, 라임플라워, 캐모마일, 레몬밤

허브 정원의 계획과 재배

허브 정원의 장점은 공간이 그리 넓지 않아도 가능하다는 점이다. 허브는 장소에 맞게 작거나 큰 화분에 심어 부엌 창가 혹은 현관 밖 어디에나 볕만 잘 드는 곳에 두면 무성하게 자란다. 게다가 대부분의 허브는 필요에 따라 윗부분을 잘라 사용하면 밑에서 더 왕성하게 자라 올라온다는 점이 기쁨을 더해준다.

허브를 기를 때는 종자를 파종해 심기도 하지만 초보자는 시중에서 판매되고 있는 허브 묘목을 구입해 심는 것이 안전하다. 묘목은 화분 하나에 한 그루씩 심거나 조금 큰 용기에 여러 종류를 혼합해 재배할 수 있고, 정원에 심는 방법도 있다.

루타

묘목 심는 요령 우선 잎이 탄탄한 느낌을 주며, 줄기가 굵고, 마디 사이가 짧은 건전한 묘를 선택한다. 그리고 허브가 완전히 자랐을 때를 고려해 화분의 크기를 결정한다. 대부분의 허브는 5~6호분에 심지만, 1년이 지난 로즈메리나 라벤더는 7~8호분에 심어 충분히 크도록 한다.

🍀 한 화분에 한 그루를 심을 때

① 심고자 하는 묘목과 화분이 결정되면 화분 밑에 철망이나 플라스틱 망을 깔고, 그 위에 난 재배용 돌을 넣는다.
② 돌 위에 배양토를 넣고, 묘목을 올려놓는다.
③ 화분 끝에서 2~3센티미터 정도 밑까지 흙을 채워 넣는다. 이때 묘목이 너무 깊거나 얕게 묻히지 않도록 주의한다.

비올라

④ 흙 표면을 손으로 눌러주면서 자리를 잘 잡도록 한다.
⑤ 화분 밑으로 흘러나올 만큼 물을 충분히 준다.
⑥ 화분을 바람이 많이 안 부는 반음지에 일주일쯤 두었다가 해가 잘 드는 곳으로 옮겨 재배한다.

🍀 모아심기 : 재배 용기 하나에 여러 개를 모아심을 때 한 가지 종류만 심으면 물 주기를 비롯한 관리가 쉽다. 반면 서로 다른 여러 종류를 모아심으면 한 화분에서 허브의 다양성을 즐길 수 있다. 여러 개를 모아심을 때는 식물의 성질을 미리 파악하여 재배 특성이 비슷한 식물을 고르는 것이 성공의 요령이다. 흙·일광·수분 요구도가 서로 다른 식물을 심으면 문제가 발생한다. 또한 민트와 같이 생육이 왕성한 허브를 같이 심으면 다른 허브를 압도하므로 칸막이 등의 보호 장치가 필요하다.

모아심기를 할 때도 한 화분에 한 그루를 심는 방법과 마찬가지로 밑에 돌을 넣고 적당한 간격으로 식물을 심는다. 그 후에 바람이 없는 반그늘에 일주일쯤 두었다가 햇볕이 잘 들고 통기가 잘

되는 곳에서 재배한다. 여러 종류를 모아심을 때는 허브의 생육 특성을 고려해 직립성은 가운데 심고, 낮게 옆으로 자라는 식물을 가장자리로 심는다. 그렇게 하면 화분 전체의 균형을 이뤄 보기 좋은 모양이 된다.

❀ 정원에 바로 심을 때 : 허브는 야생성이 강한 식물이기는 하지만 아무 땅에서나 잘 자라는 것은 아니다. 영양이 풍부한 흙을 좋아하는 허브가 있는가 하면, 비료기가 적은 척박한 땅을 좋아하는 허브도 있다. 그러나 대부분의 허브는 물이 잘 빠지면서도 보수성(保水性)이 좋은 흙으로 중성 내지 약알칼리성 토양을 좋아한다. 허브가 좋아하는 토양을 마련하기 위해서는 땅을 깊게 갈고 부엽토나 원예용 퇴비를 섞어서 토양의 물리적 성질을 좋게 한다. 땅은 지상부를 이용하는 허브는 20~30센티미터 정도, 지하부를 이용하는 허브는 40~50센티미터 정도로 깊게 갈아엎는다.

세이보리

우리나라 땅은 보통 약산성이므로 석회를 넣어 토양을 중화하면 생육이 좋아진다. 대부분의 허브는 비료를 특별히 많이 요구하지 않지만, 유기질 비료를 주면 식물이 건강해진다. 그러나 지나친 시비는 오히려 해가 될 수 있다.

보리지

유기농 허브 재배 유기농사를 강조하는 사람이 많다. 유기농사가 식품뿐 아니라 토양을 오염시키지 않는 좋은 농사법이기는 하지만 실제로 농사를 지어본 사람, 아니 조그마한 화단이라도 직접 가꿔본 사람이라면 유기농사가 얼마나 어려운지 실감할 것이다. 특히 잡초와의 전쟁은 심각하다. 만약 주말에 잠시 짬을 내서 식물을 돌

보는 경우라면, 장마 이전에는 풀도 뽑고 벌레도 잡으며 유기농의 성공을 꿈꾼다. 하지만 장마가 끝나면 완전히 잡초에게 손을 들고, 그렇지 않으면 제초제의 유혹을 뿌리치기가 쉽지 않다.

대부분의 재배 식물은 사람의 손을 거쳐야 제대로 자라도록 육성되어왔기 때문에 유기농사를 실천하려면 많은 노력과 끊임없는 관심이 필요하다. 그러나 야생성을 그대로 간직한 대부분의 허브는 잡초나 병해충에도 강한 편이어서 특별한 손질 없이도 무성하게 잘 자란다. 햇볕이 잘 들고 바람이 통하는 곳에 두면 농약이나 제초제 없이도 잘 자라 오염되지 않은 신선한 재료로 우리의 식탁을 풍성하게 할 수 있다. 유기농법은 식물에 대한 조작을 최소화하는 작업이다. 다음의 세 가지만 지킨다면 제법 훌륭한 유기농사꾼이 될 수 있다.

❀ **화학 약제를 사용하지 않는다** : 화학 비료, 살충제, 살균제, 제초제를 주지 않으면 땅이 바로 살아난다. 식물을 못살게 구는 벌레나 균을 박멸하고자 약제를 사용하면 지상부의 익충까지 죽여 생태계가 파괴된다. 뿐만 아니라 유기물을 분해해 땅을 기름지게 하는 토양 중의 생물에게도 피해를 준다. 더 나아가 토양 중의 생태계에 교란이 생겨 자연적 적응에 실패하면 끊임없이 사람의 손질이 요구된다. 허브 중에는 해충을 퇴치하는 식물들이 있다. 마늘을 강낭콩과 함께 심으면 진딧물이 물러가고, 가지와 함께 심은 캐트닙은 벼룩벌레(flea beetle)를 퇴치한다. 그 외에 해충 퇴치용으로 알려진 허브로는 아니스 히솝, 보리지, 금잔화(칼렌둘라), 실란트로, 딜, 민트, 로즈메리, 세이지, 향제라늄, 탄지 등이 있다.

히솝

🌸 **계획 없이 심지 않는다** : 첫번째 허브를 심는 목적을 확실히 하여 그에 맞는 식물을 심어야 한다. 두 번째, 환경에 맞는 식물을 선정해야 한다. 바질과 같은 고온성 작물은 햇볕이 강한 곳에 심고, 민트처럼 수분을 많이 요구하는 식물은 습한 곳에 심는다. 식물의 특성과 환경 조건을 맞추면 허브가 건강하고 무성하게 잘 자란다.

딜

🌸 **모든 벌레를 잡지 않는다** : 일반적으로 허브에는 벌레가 잘 끼지 않는다. 하지만 때로는 벌레가 보이기도 하는데, 이때는 그 벌레가 정말로 해충인지 확인한 후 잡아야 한다. 정원에는 해충뿐 아니라 이로운 벌레들도 같이 있으므로 벌레가 창궐해 허브가 크게 파손되지 않았다면 여유를 가질 필요가 있다.

허브의 수확과 보관

심어놓은 묘목이 제자리를 잡을 때까지는 수확을 하면 안 된다. 정상적으로 왕성히 자라기 시작하면 수시로 잎을 따거나 줄기를 잘라내어 사용한다. 특히 한여름에는 통풍에도 이롭고 모든 잎이 햇볕을 잘 받을 수 있도록 솎아내기 식의 전정을 해주고 끝부분을 잘라주면 가지가 더 많아지면서 무성하게 자란다. 여름을 지나면서 시든 부분이나 약해진 부분을 잘라내고 새 가지가 돋게 함으로써 식물이 충실히 자라도록 한다.

허브를 수확할 때는 마디 바로 위를 잘라 새 가지가 여러 개 나오도록 한다. 마디가 보이지 않는 차이브는 수확할 만큼의 잎을 손으로 잡고 밑 부분을 5센티미터 정도 남겨둔 채 자르고, 파슬리는 바깥의 줄기부터 수확한다. 저장용으로 잎을 많이 수확할 때는 잎만 모두 따내서 앙상한 가지만 남기지 말고 줄기 전체를 수확한 후에 잎을 떼어낸다. 숙근초의 수확은 첫 번째 서리가 내리기 1개월 전에 마감하여 식물이 겨울을 날 수 있는 양분을 비축하도록 충분한 시간을 주어야 한다. 수확한 허브를 저장할 때는 기간에 따라 방법을 달리한다. 단기간 저장할 때는 생체로, 장기간 저장할 때는 냉동시키거나 건조시킨다.

허브 말리기
허브는 밑에서부터 잘라 묶은 다음 바람이 잘 통하는 그늘에서 건조시킨다.

생체로 저장하기 수확한 허브가 특별히 더럽지 않으면 향과 색을 온전히 보전하기 위해 씻지 않고 바로 저장한다. 세척이 필요한 경우에는 얼음물을 끼얹어 씻고 바로 물기를 제거한 후 보관한다. 키친타월로 하나씩 싸서 비닐봉투에 넣어 보관하면 2주 정도는 생생한 허브를 이용할 수 있다.

냉동하기 수확한 허브는 종류별로 따로 냉동시키거나 혼합해 저장할 수도 있다. 예를 들어 바질과 딜, 오레가노와 바질과 딜을 섞거나 차이브와 딜을 같이 냉동시키면 향신료로서의 가치가 높다.

칼이나 가위로 자른 허브 잎을 비닐봉투에 넣어 이름과 수확 날짜 등을 적고 공기를 빼서 얼려두었다가 필요할 때마

다 꺼내 쓴다. 이때 특별히 녹일 필요가 없으면 원하는 크기로 부수어 넣으면 된다. 또는 수확한 허브에 굴을 조금 붓고 믹서로 갈아서 걸쭉한 상태로 만든 다음 얼음 틀에 부어서 냉동시킨 후 다시 비닐봉투에 넣어 보관하는 방법도 있다.

건조하기 허브는 수확한 후에 5~6개씩을 한 묶음으로 만들어 바람이 잘 통하는 그늘에서 거꾸로 매달아 말린다. 주의할 점은 허브가 마르면서 묶음이 느슨해지지 않도록 처음부터 그무밴드로 단단히 고정한 후 끈으로 묶어 매달아야 한다는 것이다. 잎이 시들시들해지면 종이봉지를 씌워 마르는 동안 잎이 떨어지지 않게 한다. 상태를 보아가면서 2주쯤 말리면 대부분의 허브는 건조되어 손끝에서 쉽게 바스러질 정도가 된다. 건조가 끝나면 유리병에 넣어 어두운 곳에 저장한다.

오븐에서 건조할 때는 온도를 30~35도로 낮게 하고, 오븐 판에 종이를 깔고 그 위에 허브를 한 켜로 펼쳐 건조한다. 손으로 비벼서

허브의 꽃말
- 딜 : 격려, 성원
- 라벤더 : 사랑, 순결
- 바질 : 사랑, 행운
- 캐모마일 : 현명함, 용기
- 챠빌 : 성실
- 차이브 : 유용함
- 펜넬 : 슬픔, 인내
- 향저라늄 : 행복

잎이 바스러질 때까지 8~10시간 말리는 동안 잎을 한두 번 뒤집어 준다. 마이크로 오븐에서 건조하면 색이나 향의 보존이 탁월하다. 키친타월에 허브를 올리고 다시 키친타월을 덮어 강에서 1분간 돌려 건조 상태를 확인하고, 마르지 않았을 경우는 20초 내지 30초 간격으로 점검하면서 마를 때까지 계속한다.

마음까지 시원해지는 그늘정원

보통 오래된 집에는 나무들이 자라 마당에 거의 온종일 그늘을 드리운다. 잔디를 깔아도 정작 잔디는 잘 자라지 못하고 잡초만 무성하고, 화초를 심어도 제대로 꽃이 피지 않는다는 하소연을 들을 때가 있다.

그늘 정원
도시의 주택은 그늘진 터를 가지는 경우가 많다.
그늘 사이사이로 찾아드는 빛에서도 식물은 잘 자란다.

양지바른 정원만 있는 것은 아니다. 건물에 가려진 곳, 큰 나무가 그늘을 드리는 곳에도 아름다운 정원을 꾸밀 수 있다. 그늘진 곳의 정원이 보통의 정원과 같을 수는 없겠지만 몇 가지 점을 유념하면 색다른 느낌을 준다. 그늘 정원은 식물의 질감 특성을 살린 녹색의 시원함으로 조용하면서도 평화롭고 아름다운 정원을 만들 수 있다.

그늘진 자리 제대로 알기

그늘 정원의 성패는 특히 부지의 특성을 얼마나 잘 이해하느냐에 달려 있다. 특성을 이해하려면 빛, 습도와 온도, 토양 등의 조건과 더불어 부지 전체의 기울기, 배수 상태, 심겨진 나무의 종류, 크기 및 뿌리의 뻗음 정도도 같이 알아야 한다.

빛과 그늘 식물이 자라는 데 가장 중요한 요소는 빛이다. 식물은 광합성을 하기 위해서 빛이 절대적으로 필요하며, 광합성을 통해 얻은 영양분과 에너지로 살아가게 된다. 일반적으로 양지 식물은 강한 빛과 오랫동안 빛이 드는 곳에서 잘 자라지만 약간의 그늘에서도 적응해 자란다. 반면 넓고 얇은 잎의 음지 식물은 그늘에서 그 적응력이 훨씬 뛰어나지만 강한 볕에는 약하다. 즉 하루 중 대부분 그늘이 지지만 아주 짧게라도 강한 볕이 드는 위치에 음지 식물이 자리하면 피해를 보기 쉽다.

빛의 특성 중 세 가지, 즉 빛의 세기, 빛의 질, 빛을 받는 시간이 식물의 생장과 발육에 영향을 미친다.

큰나무 밑 그늘
조릿대와 맥문동은
큰 나무 그늘에서도 잘 자란다.

🌸 빛의 세기(광도)

광도는 빛의 밝기를 말한다. 광도계로 측정하면 맑게 갠 늘의 야외 광도는 약 1만 촉광(footcandle, f.c.)이고, 흐린 날은 약 1,000촉광이며, 그늘진 곳은 그늘의 정도에 따라 100~1,200촉광에 이른다. 아무리 음지 식물이라 할지라도 광도가 아주 낮은 곳에서는 생육이 부진하다.

🌸 빛의 질(광질)

광질은 빛의 색을 말한다. 빛이 색을 갖는 것은 광의 파장이 다르기 때문이다. 보통 우리가 식별할 수 있는 광선을 가시광선이라 하며, 무지개색이 바로 빛의 색을 나타내는 것이다. 짧은 파장의 보라색부터 긴 파장의 빨간색까지가 식물 생육에 영향을 미치는데, 특히 빨간색과 파란색이 식물에는 가장 중요하다. 빨간색과 파란색의 빛 모두 광합성을 하는 데 필수적이다. 파란색은 영양생장을 하는 데 도움이 되고, 빨간색은 개화에 영향을 미치는 것으로 알려져 있다. 숲에서는 나뭇잎 때문에 짧은 파장의 파란색이 걸러지기 때문에 그늘에서 식물이 잘 자라지 못하는 것이다.

빛을 받는 시간(조사 시간)

여름에는 일반적으로 양지 쪽에 12~16시간 동안 빛이 비춘다. 그러나 그늘에서는 보통 6시간 이하로 직접 광선을 받을 뿐이다. 그림자를 드리울 물체가 클수록 그 시간은 짧아질 것이다. 보통 광도와 빛을 받는 시간은 함께 영향을 미친다. 정오 때 2시간의 밝은 직사광선은 같은 밝기의 빛이 반사된 간접 광선이 6시간 이상 비추는 에너지와 같은 효과를 가진다.

흰색 또는 밝은 색의 건물, 벽, 담 등은 빛을 반사하는 반면 어두운 색의 물체는 빛을 흡수한다. 또한 표면이 매끄러울 때는 빛이 더 잘 반사된다. 표면이 매끄러운 풀들도 빛을 반사한다. 이들 반사광은 빛의 밝기와 조사 시간에 도움이 된다.

그늘의 분류 그늘은 보통 밝은 그늘, 반그늘, 그늘의 세 가지로 구분한다. 관련 서적에서는 동그라미 안을 검게 칠한 방법에 따라 그늘의 정도를 표시하거나, 1에서 5까지의 숫자로 표현하므로 그 내용을 알아둘 필요가 있다.

식물의 빛 요구도 표식 방법

식물 사전이나 종자 봉투에 나오는 빛 요구도 중에 가장 널리 쓰이는 표식은 아래와 같다.

○ 양지
◐ 밝은 그늘
◐ 반그늘
● 그늘

1(양지)에서 5(그늘)까지의 숫자를 사용하기도 한다.
식물이 밝은 그늘이나 반그늘에서 자랄 수 있는 경우는 2~4 또는 ◐◐ 로 표시한다.

밝은 그늘

하루에 4~6시간 동안 빛이 드는 곳을 말하며, 직사광선이 아니더라도 상당히 밝은 빛이 비치는 그늘이다. 키가 큰 반면 잎이 작고 바람에 잘 흔들리는 나무 밑은 그늘이 별로 깊지 않다. 격자무늬의 담도 그늘을 드리우나 격자 사이사이로 빛이 들기 때문에 식물이 자라기에는 충분하다. 이러한 그늘 밑은 광질 면에서 그늘이 없는 곳과 거의 같고, 빛의 밝기는 흐린 날의 광도와 비슷하다고 보면 된다. 광도계로 측정했을 때 500~1,000촉광 정도가 밝은 그늘에 속한다.

반그늘의 붓꽃과 원추리
반그늘에서 꽃을 잘 피우는 붓꽃은 진보라, 연보라, 노란색, 흰색 등 꽃 색깔이 다양하다.

수국

금낭화

둥글레

🌸 반그늘

반그늘은 하루에 2~4시간의 직사광선이 드는 곳을 말한다. 얇은 레이스 커튼을 통해 빛이 들어오는 정도의 밝기로, 밝은 그늘보다는 훨씬 그늘이 깊어 300~500촉광 정도의 빛이 비친다. 하지만 그늘이 항상 드리우는 것은 아니며, 해의 이동에 따라 그늘이 움직인다. 큰 나무들이 거리를 두고 여러 그루 있으면 반그늘을 드리우는 곳이다. 또한 집, 벽, 울타리 등의 동쪽이 반그늘의 장소로서, 아침에 햇볕이 잘 들지만 오후부터는 그늘이 된다. 서쪽은 이와 반대다.

🌸 그늘

직사광선 없이 반사광선만 비치거나 건물 뒤쪽의 그늘진 곳을 말한다. 광도와 광질이 양지바른 곳과는 아주 다르다. 광도가 100~300촉광에 불과하므로 식물이 자라기 쉽지 않은 그늘이다.

노루귀   자주달개비   아프리카 봉선화

그늘의 방향 지구의 자전은 빛의 방향과 각도에 영향을 미쳐 정원 내의 광도와 광질 및 조사 시간 등에 끊임없이 변화를 가져온다. 그래서 계절별 또는 일별의 차이가 뚜렷이 보인다. 똑같이 부분 그늘로 분류되는 경우에도, 동쪽은 오후에 그늘이 지고 서쪽은 오전에 그늘이 든다. 동쪽은 아침에 해가 일찍 들어 따뜻해지면서 밤사이에 맺힌 이슬을 빨리 증발시킨다. 반면 서향의 그늘은 빛을 받지 못해 비교적 저온 상태가 유지되므로 이슬이 바로 증발하지 못한 채 습한 상태가 상당 시간 지속되고, 결국 미생물에 의한 발병이 용이한 환경을 조성하게 된다. 또한 여름철의 오후 볕은 더 뜨겁기 때문에 식물이 고온 스트레스를 받을 우려도 있다.

계절의 차이

북반구의 경우 여름이 되면, 해는 남쪽에서 북쪽으로 옮겨가면서 하지(양력 6월 21일경)에 이르러 최고로 높이 떠서 그림자가 가장 짧아지고 그늘은 가장 적게 드리우게 된다. 그리고 가을로 향하면서 남쪽으로 다시 기울기 시작한다. 식물을 선택할 때는 이러한 조건을 따져봐야 한다. 키가 큰 상록수 밑은 봄부터 그늘이 진다. 한편 활엽수의 경우는 봄에 잎이 완전히 자라지 않아서 무스카리, 수선화, 튤립 등이 꽃을 피우기에 적당한 빛이 비친다. 여름이 되어 잎이 하늘을 모두 덮을 때는 이들 화초 또한 빛을 많이 필요로 하지 않기 때문에 잘 자랄 수 있다. 이렇듯 추식구근은 활엽수 밑에서도 자라고 꽃피는 데 지장을 받지 않는다. 따라서 활엽수 밑에 추식구근 식물을 심음으로써 이른 봄에 나뭇잎이 나오기 전의 삭막한 정원을 아름답게 장식할 수 있다.

식물의 관찰

그늘 정원은 시행착오를 하면서 발전해간다. 음지 식물이라도 그늘 정도에 따라 그 자라는 모습이 달라진다. 정원의 빛 조건을 알 수 있는 가장 확실하고 쉬운 방법은 식물이 자라는 모습을 관찰하는 것이다. 빛이 너무 많거나 적은 신호를 확인하라. 음지 식물은 빛을 너무 많이 받으면 시들거나 그슬린 듯한 모양을 보이고, 때로는 잎이 타기도 한다. 반대로 빛이 부족할 때는 줄기가 가늘고 길게 자라고, 꽃이 제대로 피지 못하며, 무늬 잎은 그 무늬가 흐려져 전체가 녹색으로 변해버린다. 그러나 빛 이외에도 식물 생장에 부적합한 환경, 예컨대 토양의 비옥도가 낮을 때도 비슷한 증상을 보일 수 있다는 점에 주의해야 한다.

그늘 지도 그리기

그늘 정원은 보통 정원과 달리 세심한 관찰과 주의가 뒤따라야 한다. 그늘 정원을 갖기 위해서는 계절별·일별로 그늘의 변화를

광선 부족과 과다의 징후

부족의 징후	과다의 징후
• 줄기가 햇빛 쪽을 향해 자란다.	• 잎이 탄다.
• 가늘고 길고 연약하게 자란다.	• 식물체가 시들시들해진다.
• 잎이 무성하고 꽃이 잘 피지 못한다.	• 잎이 뒤틀린다.
• 생장이 고르지 못하다.	• 꽃이나 잎의 색이 바래고 연해진다.
• 무늬 잎이 무늬 없는 초록색으로 변한다.	• 발육 부진 현상이 보인다.

살펴 그늘 지도를 만든다. 어떤 나무와 건물이 가장 깊은 그늘을 드리우는지, 그 시간은 얼마나 되는지 등을 기록한다. 단순히 머리로만 생각하지 말고 실제로 막대기를 꽂아 시간별 그림자의 방향, 그림자의 길이, 그늘의 시간 등을 적어놓으면 다음해에 성공적인 그늘 정원을 만드는 데 큰 도움이 될 것이다.

습도와 온도 그늘진 곳은 늘 양지 쪽보다 온도가 낮고 습한 편이다. 일반적으로 온도와 공중 습도가 식물의 생육과 건강 상태에 미치는 영향은 햇빛만큼 크지 않다. 하지만 그 영향을 이해하면 그늘 정원에서 심을 나무나 꽃을 선택하고 관리하는 데 도움이 된다. 그늘에서의 공중 습도는 햇빛을 받는 정도, 온도, 바람에 따라 달라진다. 햇빛이 덜 드는 그늘의 온도는 자연히 양지보다 낮고, 수분이 증발하고 건조되는 정도가 뒤떨어진다. 또한 그늘 정원은 주로 나무 그늘인 경우가 많지만, 때로는 건물 등의 그늘 밑에 들어가기도 한다.

이때는 바람의 흐름이 차단되어 정원 내에 습기가 쌓이게 된다. 특히 큰 나무 밑에 식물이 많이 심어진 정원은 정원 내의 공기 유통, 즉 바람이 적어 공중 습도가 높아진다.

그늘 정원의 식물은 대부분 물 부족보다는 과습 상태에 처하기 쉽다. 가뭄이 한창인 5월에는 높은 공중 습도가 도움이 되기도 하지만, 장마가 들면 공중 습도가 특히 높아져 병이 발생하고 달팽이와 같은 생물의 피해가 빈번해진다. 그늘에서 가장 흔한 흰가루병은 다른 병에 비하여 식물에 주는 타격이 약한 편이나, 밀가루를 뒤집어쓴 듯한 모습은 정원의 미관을 해친다. 그늘의 공중 습도가 문제가 되는 정원은 큰 나무의 가지를 전정해 햇빛이 보다 많이 들게 한다. 또한 바람의 흐름이 좋도록 너무 빽빽하게 심지 말고, 보도 등을 마련해 공기 흐름을 좋게 한다. 그러나 무엇보다 그늘과 습한 환경에서 잘 자랄 수 있는 식물을 선택하는 것이 가장 현명한 방법이다.

그늘 정원의 디자인

그늘 정원을 디자인할 때 필요한 기본 요소는 실내 정원 또는 일반 정원의 경우와 같으며, 단지 그 요소를 그늘 조건에 맞춰 조정할 뿐이다. 마음에 두어야 할 기본 요소는 색채, 질감(texture), 그리고 형(form)과 선(line)이다.

색채 일반적으로 정원을 구성할 때 중요시하는 요소는 색이다. 꽃과 잎의 색깔은 감정을 자극한다. 화사한 색깔은 기분을 밝게 하고, 녹색이나 청색은 시원한 느낌을 주며, 빨간색과 노란색은 축제의 분위기를 돋운다. 색을 따뜻한 색, 찬 색, 중간색의 세종류로 구분하기도 한다. 붉은색·오렌지색·노란색 등은 따뜻한 색인 반면, 녹색·푸른색·보라색 등은 차가운 색으로 분류하고, 회색·갈색·흰색 등은 중간색으로 간주된다.

그늘 정원에서는 여러 가지 색을 섞기보다 한 가지 계통의 색을 사용하는 것이 좋다. 여러 색을 정원에 넣고 싶더라도 같은 느낌을 주는 색, 즉 따뜻한 색 또는 찬 색의 같은 계통 가운데 다른 색을 선택해야 한다. 찬 색과 더운 색의 식물을 섞어 심으면 양지 쪽과 달리 더욱 뒤죽박죽이라는 느낌을 준다. 그러나 포인트를 주고 싶을 때는 반대색을 넣어 돋보이게 할 수 있다.

옥잠화
내음성이 강한 옥잠화는 넓은 잎이 아름다우며, 흰색 꽃의 청초함이 시선을 끈다.

어두운 색은 뒤로 가라앉는 느낌을 주는 반면에 밝은 색은 튀어나와 보인다. 정원이 작을 때는 이러한 특성을 살려 넓어 보이도록 한다. 어두운 색의 식물을 뒤로 심고 밝은 색을 앞으로 나오게 하면 정원이 더 깊고 넓어 보인다. 그늘 정원은 화려한 꽃보다 은은하고 시원하고 평화로운 느낌을 주는 녹색 위주가 되는 경우가 많으므로 한 가지 색의 꽃으로도 좋은 효과를 낼 수 있다. 흰색 꽃을 활용하는 것도 한 방법인데, 흰색 꽃은 그늘 정원의 어두운 느낌을 밝고 환하게 한다. 승마(Bugbane, *Cimicifuga*), 바람꽃, 꿩의바람꽃, 은방울꽃, 흰색 금낭화, 옥잠화, 불도화 등은 녹색을 배경으로 그 청초한 아름다움이 더욱 돋보인다.

질감 질감이란 훈련되지 않은 눈으로는 식별되지 않고 무심히 넘어가는 요소이지만, 참 보기 좋은 정원이라고 느껴진다면 질감의 특성을 잘 살린 정원이다. 질감은 물체가 가진 표면상의 특징에 의해 결정되는데, 잎이 크고 줄기가 굵은 식물은 질감이 거친 반면에 잔잔한 잎과 부드러운 표면의 잎은 고운 질감을 보여준다. 그늘 정원에서 질감이 중요한 이유는 일반적으로 그늘에서는 색이 두드러지지 않기 때문이다. 또한 그늘에서 적응해 자라는 식물들 대부분은 잎이 크고 거친 느낌을 주거나 잎이 작고 하늘하늘 흔들리는 고운 질감을 주기 때문이기도 하다. 특히 정원이 작을 때는 고운 질감의 식물을 앞쪽으로 놓고 차츰 거친 정도를 높여가며 뒤쪽으로 거친 질감의 식물을 보내면 깊이 있는 느낌을 주게 된다. 이러한 질감의 대조는 그늘 정원의 색이 녹색이나 그와 비슷한 몇몇 색으로 구성되었을 때 강조되면 효과적이다. 그러나 꽃이나 잎의 색이 여러 가지 섞여 있을 때는 그 대비를 많이 사용할 필요가 없다.

잎의 질감을 이용한 그늘 정원
그늘에서는 다양한 잎의 질감을 살려 독특한 정원을 만들 수 있다. 고사리, 아디안툼, 맥문동 등의 식물을 이용한다.

형과 선 정원 디자인에서 형과 선은 색채나 질감보다 간과하기 쉽다. 그러나 실제로 그늘 정원의 기본 틀을 결정하는 요소는 형과 선이다. 일단 형에는 공간과 식물의 형이 있지만, 주로 식물의 형태에 중점을 둔다. 식물의 형태는 다양하여 직립형, 피라미드형, 원추형, 덩굴성 수형, 옆으로 퍼지는 형 등이 있다. 식물 개개의 형태가 정원의 인상을 달리 하는 것은 사실이지만, 정원 조성에서는 식물 하나하나의 형태보다 그룹 전체의 조화가 중요하다. 수형이 부드러운 선을 그리며 활처럼 휘는 특성을 가진 가지와 늘어지거나 포복성 식물이 많은 정원은 부드럽고 자연스러운 느낌을 주는 반면, 원추형이나 직립형 식물이 많은 정원은 다소 딱딱하지만 활기찬 느낌이 든다.

선은 물체의 경계 부분을 말한다. 군식한 식물의 끝이 그리는 스카이라인과, 식물을 심은 끝과 보도의 경계가 이루는 선 등을 말한다. 선은 수평면을 가르는 선과 수직면을 가르는 선 두 종류로 나눌 수 있는데, 수평면과 수직면이 조화를 잘 이룰 때 안정적이고 편안한 느낌의 정원이 된다. 그늘 정원의 수직면은 큰 나무들의 줄기가 되고, 수평면은 지면의 구획과 덤불 식물의 끝이 이어지는 선으로 생각할 수 있다. 식물 종류에 따라 스카이라인이 결정되므로 유사한 형태의 식물을 주종으로 하여 통일감을 준 후에 다른 식물을 도입함으로써 변화를 준다.

그늘 정원의 관리

> **그늘 정원에 적합한 식물**
> 고사리류, 금강초롱꽃, 금낭화, 깽깽이풀, 노루귀, 노루오줌, 동백, 둥글레, 로벨리아(cardinal flower), 물망초, 베고니아, 봉선화, 부처꽃, 불도화, 붓꽃, 비비추, 빈카, 뻐꾹나리, 사철나무, 산마늘, 섬말나리, 수국, 아주가, 엘러지, 옥잠화, 으름덩굴, 은방울꽃, 일본단풍, 작약, 주목(Yew, Taxus), 제비꽃, 지기탈리스, 진달래, 천남성, 철쭉, 플록스(음지)
> 대부분의 음지 식물은 반음지 또는 음지에 잘 적응하지만 금강초롱꽃, 깽깽이풀, 부처꽃은 특히 반음지를 좋아한다.

양지의 정원은 대개 정해진 수칙에 따라 전체적으로 심고, 물 주고, 비료 주기를 한다. 이에 비해 그늘 정원은 식물 하나하나를 관찰해야 하는데, 빛의 조건이 모두 같지 않을 때는 특히 주의해야 한다. 식물이 필요하다는 신호를 보낼 때만 물과 거름을 주어야 한다. 그늘에 적합한 식물을 선택해 심으면 특별한 관리 없이도 식물이 잘 자라지만, 정원의 조건에 맞지 않는 식물을 심었을 때는 정원이 안정될 때까지 한동안 시행착오를 겪어야 한다. 그러므로 그늘 정원을 성공적으로 유지하기 위해서는 다음 세 가지를 기억해야 한다. 첫째로 그늘과 식물의 관계를 알고, 둘째로 그늘의 정도, 토양 습도, 토질 등을 고려해 정원 조건에 맞는 식물을 선택하며, 셋째로는 식물을 심기 전에 토질을 개선해 배수가 잘 되면서도 보비력과 보수력이 좋은 토양을 만든다. 즉 퇴비나 부엽이 많은 토양을 만들면 건조, 다습, 고온의 조건에서도 식물이 잘 견딜 수 있다.

물 주기 식물이 정상적으로 자라기 위해서는 충분한 양의 수분 공급이 필요하다. 특히 잎이 작고 얇은 1년초화류는 식물이 완전히 뿌리를 내리기 전까지 주의가 요구된다. 그늘 정도에 따라 물 주기가 달라지는데, 해가 많이 들고 바람이 잘 통하는 그늘 정원은 일반 정원과 비슷하다. 하지만 그늘이 깊은 경우는 물 주기로 과습을 초래할 수 있으므로 주의해야 하며, 자연적으로 내리는 비 때문에 과습 상태가 장시간 계속될 수도 있으므로 배수가 잘 되는 토양 조건을 마련하는 데 힘써야 한다.

비료 주기 그늘에서 자라는 식물도 질소, 인산, 칼리의 성분이 다량으로 필요하다. 그러나 그늘에서는 식물이 빨리 자라지 않아 비료 성분의 소모도 늦기 때문에 양지에서와 같이 비료를 주면 오히려 피해를 받는다. 가능하면 비료 성분이 천천히 분해되는 유기질 비료를 주어 식물이 피해를 받지 않도록 한다.

병충해 그늘 조건에서 많이 발생하는 병은 흰가루병이다. 잎이 마치 밀가루가 뿌려진 듯 허옇게 되어 광합성 부진으로 생육에 장애를 초래한다. 흰가루병에 걸렸다고 식물이 죽는 것은 아니지만 식물체가 약해져 또다른 병에 2차적으로 노출될 수도 있다. 죽은 아래 잎을 제거해 병의 확산을 막고, 바람이 잘 통하고 공중 습도가 높지 않은 조건을 만들도록 한다. 살균제로는 리프졸수화제를 비롯해 많은 농약이 시판되고 있지만, 극히 심한 경우가 아니면 살균제를 사용하지 않는 것이 환경을 보호하는 길이다.

습한 조건에서는 달팽이류가 문제를 일으킨다. 특히 그늘에서는 잎이 연하고 즙이 많기 때문에 달팽이류가 좋아하는 먹이가 풍부하다. 달팽이류는 주로 밤에 활동하기 때문에 낮에는 잘 잡을 수가 없다. 달팽이가 숨어 있을 만한 곳, 즉 습하고 어두운 돌멩이 밑이나 보도블록 틈 등을 유의해 살피면서 제거한다. 달팽이는 끈끈한 액을 흘리고 다니므로 자세히 보면 지나간 흔적을 좇아 숨은 곳을 찾아낼 수도 있다.

연꽃과 물고기가 노는 물이 있는 정원

정원 한쪽에 물이 있거나 물 흐르는 소리가 들리면 마음이 편안해지면서 자연에 한 걸음 더 가까이 간 듯한 느낌이 든다. 정원에 물을 도입하는 일은 수고스럽지만 그 효과가 매우 크다. 규모가 작은 정원 한구석에 놓인 수련이 담긴 옹기는 색다른 느낌을 주기에 충분하고, 조금 여유가 있을 때 작은 연못을 마련해 수생식물과 금붕어를 함께 키우면 주위에서 자연스럽게 물방개나 개구리들이 모여드는 신기한 모습도 볼 수 있다.

또한 아파트 실내에서도 유리그릇이나 옹기를 이용해 수련이나 파피루스를 심은 작은 연못을 만들면 건조한 실내 공기에 수분을 공급하는 자연 가습기 역할도 한다.

미니 연못

연못을 만들 만한 장소가 충분하지 않을 때는 미니 연못으로 대신한다. 미니 연못용 플라스틱(FRP)통이 여러 가지 형태로 시판되고 있지만 비교적 값이 비싼 편이므로 주위의 폐품을 이용해보면 좋다. 위가 깨진 항아리, 나무상자, 스티로폼 상자 등 무엇이든 활용할 수 있다. 충분히 큰 용기를 구하면 일단 물이 새지 않도록 용기 안에 비닐을 깔고, 날카롭지 않은 돌을 적당히 넣어 비닐의 움직임을 막은 다음, 미니 연못의 장식 효과를 낸다. 그리고 기호에 따라 굵은 모래나 자갈을 깐 후 별도의 화분에 심은 수생 식물을 넣어 미니 연못의 모양을 잡는다. 폐품을 이용해서 그 용기가 딱히 미적으로 좋은 형태를 갖추지 못한 경우에는 목재상에서 나무껍질이 붙은 송판 등을 구입해 흉한 부분을 가린다. 이 과정은 자기만의 독특한 개성을 지닌 미니 연못으로 변신시킬 수 있는 기회가 되기도 한다. 미니 연못을 만들 장소가 마땅하지 않으면 작은 옹기나 조금 큰 유리그릇을 이용해 비슷한 효과를 낼 수 있다.

자배기 안의 수련
한 뼘의 땅이라도 4시간 이상 강한 햇볕이 드는 곳에는 물이 있는 정원을 가질 수 있다. 용기에 담긴 미니수련은 손바닥 정원에 잘 어울린다.

미니 연못에 적당한 식물 큰 연못에는 수생 식물이나 습생 식물을 자유롭게 키울 수가 있으나, 미니 연못에는 적당한 식물을 선택하는 것이 중요하다. 어떤 식물은 생육이 왕성해 다른 식물의 생육을 억제하고, 용기 안을 가득 채워 물 정원의 묘미를 잃게 한다. 미니 연못에는 미니 수련이나 미니 연꽃이 가장 적합하다. 아주 작은 용기에는 어리연꽃도 권할 만하다. 미니 수련과 연꽃은 색과 형태가 다양해서 선택의 폭이 넓다.

미니 연못의 크기가 웬만큼 크면 수련을 주로 하고, 부가 되는 식물을 가장자리에 심도록 한다. 창포, 애기부들, 물칸나 등을 심을 수 있다. 그러나 이들 식물 역시 크게 자라면 주와 부가 바뀔 수 있으므로 미니종으로 선택한다. 수련뿐 아니라 부가 되는 모든 식물을 반드시 플라스틱 용기에 심어 뿌리의 생육을 제한해야 한다. 개구리밥, 물옥잠, 물상추 등의 부유 식물을 같이 키우면 재미가 더한다.

미니 연못 관리 미니 연못에는 물을 많이 담을 수 없으므로 여름에는 뜨거워지고 겨울에는 물이 얼어 터질 수도 있다. 그래서 여름에는 가끔 물을 더 부어주어 물이 너무 뜨겁지 않도록 유의해야 한다. 또 실외에 위치한 용기는 가을쯤 물을 비우고 용기를 저장해두거

돌 용기와 개연꽃
화려하지 않은 수생 식물도 용기와 어우러지면 멋스럽다.

미니연꽃과 수련
미니연꽃과 수련은 미니 연못에 좋은 소재가 된다. 특히 잎자루와 꽃대가 수면 위로 쑥 올라온 연꽃은 잎과 꽃이 수면에 떠 있는 수련과 다른 분위기를 준다.

나, 옹기 등을 땅속 깊이 묻고 위를 덮어 얼어 터지는 것을 방지한다. 미니 연못은 아이들의 눈길을 끌기 때문에 아주 어린 아이들이 있는 집에서는 어망이나 철망을 덮는 등 안전사고 예방에도 신경 써야 한다.

연못 만들기

연못을 만들 때는 원예 자재상에서 구입 가능한 정형의 연못용 플라스틱 통이나 연못용 필름(butyl liner)을 이용할 수 있다. 플라스틱 통을 이용하면 쉽고 빠르지만 연못의 형태를 마음대로 만들 수 없고, 내구연한이 짧다는 단점이 있다. 반면 필름을 이용하면 연못의 크기나 모양을 자유롭게 정할 수 있고 사용 기간도 플라스틱 통보다 길지만, 일이 많다는 단점이 있다.

플라스틱 통의 이용 연못 만들기는 연못 조성용 용기를 이용하는 것이 제일 간편하다. 시판되는 몇 가지 형태의 플라스틱 용기를 사용하면 간편할 뿐더러 시간도 절약된다.

연못 자리 파기

원하는 크기와 깊이로 땅을 판다. 전체 모양 뜨기는 플라스틱 통을 뒤집어 통의 넓은 부분이 땅에 닿게 한 후 연못의 모양을 표시해둔다. 이때 통이 좌우 대칭이 아니고 굽은 모양 등의 부정형이라면, 통을 뒤집었을 때 처음 모양과 반대가 되기 때문에 최종적으로 원하는 형태를 확실히 해두어야 한다. 통에는 대부분 중간에 턱이 있으므로 밑면의 모양에 따라 땅을 파는데, 전체적으로 지표면보다 5센티미터 정도 더 깊게 판다.

수평 잡기

파놓은 구덩이 안에 5센티미터 정도 모래를 깔고 통을 집어넣은 다음, 통 양쪽을 가로지르는 각목을 올려 수평 여부를 확인한다.

흙 메우기

통을 넣은 후 통과 구덩이 사이의 빈 공간을 흙으로 채우는데, 한 번에 다 채워넣는 것이 아니라 일단 통에 10센티미터 정도 물을 담고 통 옆의 빈 공간을 모래나 흙으로 채운다. 빈 공간에 넣은 흙을 단단히 다진 후 다시 물을 더 넣고 옆에 흙을 다져 넣는 일을 계속하면서 구덩이를 모두 메운다.

연못 만들기
① 연못의 형태를 잡고 흙을 파낸다. 층을 두어 두 단을 만드는 것이 좋다.
② 흙을 퍼낸 자리에 연못용 필름을 깔고 물을 채운다.
③ 겉으로 보이는 필름을 흙으로 덮고, 돌 등으로 마감한다.
  수생식물은 화분에 심어서 연못 안에 자리하게 한다.
④ 연못에는 미니연·수련·물칸나·물아카시아 등의 수생 식물을 심고,
  연못 주변에는 토란, 머우, 붓꽃 등의 습생 식물을 심는다.

🍀 마무리 작업

플라스틱 통이 겉으로 드러나지 않게 가장자리에 자연석이나 인조석 등을 놓고, 자연스럽게 보이도록 작은 자갈로 빈 공간들을 채운다. 이때 용기 위에 자리하는 돌이 불안전할 때는 시멘트 등

을 이용해 고정시킨다. 식물과 물고기를 넣기 전에 여러 차례 물을 갈아주어 혹시 있을지도 모르는 유해 물질을 말끔히 씻어준다.

🌸 식물 심기

식물은 연못에 바로 심지 않고, 물이 들어갈 수 있는 플라스틱 통(망형의 쓰레기통 등)이나 토분에 심어서 넣는다. 특히 뿌리가 왕성히 잘 퍼지는 식물은 작은 연못을 다 채워버리기 때문에 토분과 같이 뿌리가 밖으로 뻗어 나갈 수 없는 용기에 심어야 한다.

플라스틱 필름의 이용
플라스틱 필름을 이용하면 모양과 크기를 자유롭게 연출할 수 있을 뿐 아니라, 연못에 이어 습지 정원까지 만들어 더 재미있는 정원을 꾸밀 수 있다.

🌸 연못 자리 파기

원하는 크기와 깊이로 땅을 판다. 주변에 식물을 심고 싶다면 연못 가장자리에 깊이와 너비가 각각 25센티미터 정도되는 턱을 만든다. 가운데 깊이는 50~60센티미터 정도로 하고, 연못 가장자리가 안쪽으로 약간 기울게 판다.

🌸 필름 깔기

땅을 판 자리에 돌 같은 날카로운 물체를 모두 저거한 후 캐시밀론 솜이나 보온 덮개 등으로 보호막을 만들고, 그 위에 플라스틱 필름을 깔아 꼭꼭 누르면서 자리를 잡아간다. 특히 보호각과 플라스틱 필름을 마름질할 때는 연못을 충분히 덮을 수 있도록 여유 있게 한다. 필름을 펼 때 보호막이 울지 않도록 꼭꼭 잡아당기

면서 자리를 잡고, 연못 밖 30센티미터까지 덮어야 한다. 자리가 잡히면 벽돌로 눌러놓는다.

마무리 작업

연못에 물을 서서히 채우면서 보호막과 필름을 땅에 단단히 묻어 고정시킨다. 비닐이 연못 밖으로 30센티미터 정도 크게 자리를 잡았지만, 연못 끝에서부터 바로 흙을 덮는 것이 아니라 15센티미터 되는 점에서부터 밖으로 흙을 덮어 15센티미터는 흙 속에 묻히게 한다. 그 후 돌로 다시 눌러주고 잔돌을 자연스럽게 섞어 뿌려준다. 확실하게 하기 위해서 시멘트를 사용해 돌을 고정시킬 수도 있다. 가운데도 적당히 돌을 앉혀 필름이 뜨지 않도록 하고 자갈을 섞어 넣어 필름을 가린다.

수중 모터의 비밀

우리 집 연못 중에 하나는 대나무 대롱을 통해 흘러내린 물이 표주박 모양의 돌 용기에 모였다 그 밑의 연못으로 떨어진다. 물 흐르는 소리, 물 떨어지는 소리가 참으로 듣기 좋다. 또 흐르는 물이 하도 맑아서 가끔씩 찾아오는 손님들은 그 물에 손을 씻고 물을 마시려고까지 한다. 그러나 보기에는 깨끗해도 실은 연못 속의 물을 수중 모

인공폭포
수중 모터를 이용하여 여러 가지 형태의 흐르는 물을 연출할 수 있다.

터를 이용해서 계속 돌리고 있는 것이다.

    정원을 잘 꾸며놓은 식당에 가면 골짜기도 아닌 곳에서 시냇물이 졸졸 흐르고, 작은 폭포까지도 볼 수 있다. 물고기, 개구리, 거북이 같은 구조물에서 물이 뿜어져 나오기도 한다. 이 모두가 모양만 다를 뿐 실은 같은 원리를 이용한 것들이다. 위아래로 연결된 두 개의 연못 또는 용기가 있으면, 위쪽 용기에 고였던 물이 떨어지면서 아래쪽 용기에 숨겨진 수중 모터를 돌려 물을 다시 위쪽으로 퍼올리게 하는 식으로 물을 계속 공급할 수 있는 것이다. 즉 수중 모터와 두 표적물 사이를 연결하는 튜브가 아름다운 물 흐름을 연출하는 비밀이다.

습지 정원

습지 정원의 특징은 식물을 기르기 위해 항상 물 속에 담가두는 것이 아니며 단지 흙이 아주 습한 상태를 유지하는 것이다. 습지 정원

습지 정원
연못에 연이어 만들거나(왼쪽) 용기에 모래흙을 넣고 물을 담아 용기 정원을 따로 조성한다.(오른쪽) 습지 정원에 적합한 식물은 토란, 붓꽃, 부처꽃, 제비꽃 등의 습생 식물이다.

은 연못에 연이어 만들거나 단독으로 만들기도 한다. 붓꽃, 부처꽃, 옥잠화, 노루오줌 등은 물 속에서 살지는 않지만 습한 상태를 좋아하는 식물로, 정원 어느 한 부분에 습한 조건을 만들어주면 왕성하게 잘 자란다.

습지 정원은 플라스틱 깔름을 이용한 연못 만들기 작업과 비슷하지만, 필름 안에 물을 늘 담아두지 않는다는 점이 다르다. 땅을 원하는 만큼 파고 비닐을 깔아 배수가 될 수 있도록 못으로 몇 군데 구멍을 낸다. 구멍이 너무 크거나 여러 개면 물이 너무 빨리 빠지고, 배수공을 해주지 않으면 뿌리가 늘 물에 잠겨 있어서 썩을 염려가 있다. 배수공을 만든 후에는 흙을 지표면과 같은 높이까지 넣어준다. 비닐 가장자리를 흙으로 단단히 덮은 후 돌과 자갈로 모양을 내며 마무리한다.

Chapter 2

Chapter 2

우리집 마당에 꾸미는 미니 식물원

정원을 꾸미고 가꾸는 일은 매우 즐겁고 보람된 작업이다. 그 즐거움과 만족감은 결과물을 통해서뿐만 아니라 원예 작업의 모든 과정에서 얻을 수 있다. 정원 일을 하면서 자신의 잠재력이 발견되기도 하고, 자연에 대한 통찰력과 숨겨진 예술성 등이 발굴되기도 한다. 정원 조성은 부지의 분석, 기본 계획, 설계, 시공, 관리의 순서로 이루어진다.

정원을 만들기 전에

식물에 대한 지식 못지않게 식물을 기를 땅에 대해서도 충분히 알고 있어야 아름답고 풍성한 정원을 꾸밀 수 있다. 정원을 만들기에 부적합한 땅이란 없다. 그늘이 많이 지는 땅에도, 건조하거나 습한 땅에도 알맞은 식물을 골라 재배하면 아름다운 정원을 가질 수 있다.

철저한 사전 조사는 필수

정원을 새로 시작하거나 기존 정원을 손보고자 할 때는 사전 조사와 계획이 아주 중요하다. 더욱이 면적이 넓을 때는 충분한 계획으로 쓸데없는 시간과 노력을 낭비하지 않도록 한다. 기본적으로 정원 전체의 토질, 경사도, 해 들기, 토양 수분 등을 세밀히 조사해야 한다. 특히 정원 자리의 기후적 특성을 나타내는 미세 기후도 조사한다. 즉 지역 전체의 기후 외에도 정원을 꾸미고자 하는 장소가 햇빛이나 바람에 따라 구석구석 어떻게 다른 기후를 갖는지 다음 사항을 위주로 철저히 조사할 필요가 있다.

찬 공기가 모이는 곳이 있는가? 정원 주변이 모두 서리 피해에서 벗어났지만 만상기가 지난 다음에도 얼음이 녹지 않고 서리가 계속 보이며, 가을에도 일찍이 서리 피해를 보는 특수한 구석이 있다. 이러한 장소를 가리켜 '서리 주머니(frost pocket)'라고 부르는데, 냉해를 입기 쉬운 곳이므로 식물을 심을 때 유의해야 한다.

바람골은 없는가? 식물은 일반적으로 바람이 잘 통하는 곳에서 잘 자란다. 그러나 건물이나 큰 나무 사이의 좁은 공간에는 어김없이 바람골이 생기는데, 이곳은 바람이 세서 여러 가지 문제를 일으킨다. 이른 봄에는 다른 곳보다 온도가 낮아서 식물의 아주심기 시기를 늦추고, 겨울 동안은 동해가 빈번하다. 또한 봄과 여름에 바람이 많이 불 때, 특히 태풍이라도 오면 잎 끝이 상하고 가지가 부러지는

정원 일의 즐거움
정원을 가꾸는 즐거움은 결과물뿐 아니라 원예 작업의 모든 과정에서 얻을 수 있다.

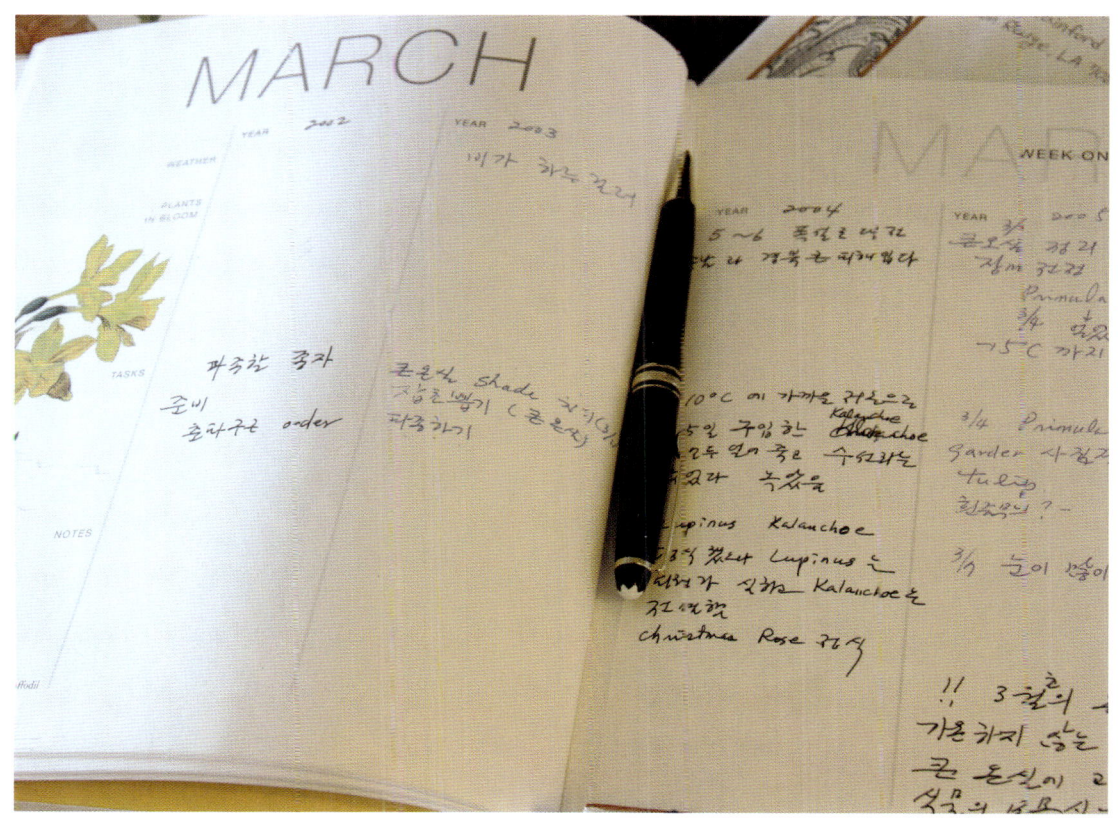

등의 피해를 입는 경우가 있다. 그러므로 바람골이 생긴 곳에 정원을 구상할 때는 바람막이용 생울타리나 기타 장치를 생각해야 한다.

유난히 뜨거운 국지(hot spot)는? 정원의 어떤 부분은 다른 곳보다 유난히 뜨거운 지점이 있다. 볕이 하루 종일 잘 들면서도 바람 유통이 많지 않은 곳이나, 햇볕이 잘 드는 건물 또는 벽 바로 아래 쪽은 더워진 건물의 복사열에 의해 온도가 올라간다. 특히 두 벽 사이의 모서리는 아주 뜨겁고 쉽게 식지 않는 장소다. 이렇게 유난히 뜨거운 땅은 건조해지는 것을 막고 수분이 오래 남을 수 있도록 토질을 개선해야 한다.

그늘 상태는 어떠한가? 집이나 큰 나무들이 드리우는 그늘은 정원을 가꾸는 데 늘 문제가 된다. 일조 시간과 빛의 강도에 영향을 줄 뿐더러 토양 습도와 온도 등에 부차적인 변화를 가져온다. 하루에 그늘이 지는 시간, 그늘의 정도, 그늘진 곳의 토양 수분 등을 조사한다. 그늘이 지는 곳은 대부분 습한 것이 특징이나, 바람이 잘 통하는 나무 밑은 나무뿌리가 물을 많이 흡수하기 때문에 오히려 건조할 수 있다. 따라서 그늘만을 고려할 것이 아니라 그늘과 함께 토양의 습한 정도를 같이 조사한 후에 적합한 반음지 내지 음지 식물을 선택해야 한다.

기존 시설물의 점검 정원 내에 설치된 전등, 장식물, 기존에 있던 나무, 건물 등을 점검한다. 이웃집의 나무나 눈가림이 필요한 부분 등을 기록해 활용할 것은 활용하고 차단할 것은 차단할 수 있도록 설계를 위한 정보를 수집한다.

이와 같은 사전 조사도 없이 무조건 예쁜 꽃을 심는다고 해서 아름다운 정원이 되는 것은 결코 아니며, 땅에 맞는 적합한 식물을 선택해야 성공할 수 있다. 또한 정원 가꾸기의 즐거움은 가꾸기 수월한 아름다운 정원에서 시작된다. 모두 바쁘고 시간에 쫓기는 현대인은 가능한 한 손이 덜 가는 정원을 원한다. 손이 덜 가면서도 아름다운 정원을 계획하고 유지하는 비결은 우리 모두가 풀어야 할 숙제다.

우리 집에는 어떤 정원이 어울릴까?

정원 일을 시작하는 것은 참으로 즐거운 일이다. 작은 시골에서 태어나 자연 속에서 성장한 독일의 대문호 헤르만 헤세는 원예 활동의 기쁨을 만끽하며 살았다. 그는 어느 곳으로 이사하든지 늘 정원 가꾸는 일을 쉬지 않았다. 그는 《정원 일의 즐거움》에서 원예 활

•• 헤르만 헤세, 두행숙 옮김, 《정원 일의 즐거움》, 이레(원제 : Freude am Garten)., 2001

동을 통해 창조의 기쁨과 창조자로서의 우월감을 느낀다며 다음과 같이 고백했다. "사람들은 한 뙈기 땅을 자신의 생각과 의지대로 꾸며놓는다. 여름을 기대하며 자신이 좋아하는 과일과 색과 향기를 창조할 수 있다. 작은 꽃밭, 몇 평 안 되는 헐벗은 땅을 갖가지 색채의 물결이 넘쳐나는 천국의 작은 정원으로 만들 수 있는 것이다."

정원을 가꾸는 일은 헤세의 말처럼 자연을 인위적 환경으로 만드는 작업이다. 토질을 바꿔 황폐한 땅을 아름다운 꽃동산으로 만들 수 있을 뿐더러 자신의 생각에 따라 창의적으로 꾸밀 수도 있다는 것이다. 이미 있는 정원을 새로운 정원으로 고치거나, 신축 건물과 함께 새롭게 단장해야 할 땅이 있으면 여러 가지 정원을 꿈꿀 수 있다.

정원의 종류는 전통적으로 형식 정원(formal garden)과 비형식 정원(informal garden), 또는 동양식 정원과 서양식 정원 등으로 구분하기도 하는데, 용도 등을 고려해 상황에 맞는 정원을 선택한다. 가족 구성원 누구나 즐길 수 있는 가족 정원, 꽃이 만발하는 화단 중심의 정원, 손이 덜 가는 숙근초와 화목 위주의 정원, 풍성한 먹을거리를 제공하는 채소 정원과 허브 정원, 좁은 공간을 알차게 꾸미는 용기 정원 등을 선택할 수 있다. 이러한 정원의 선택은 미리 조사한 정원 용지의 조건에 따라 달라질 것이다.

내 취향에 맞는 정원 디자인하기

정원 용지에 대한 충분한 조사와 분석을 마친 후에 갖고 싶은 정원의 종류를 정하고 기본 설계에 들어간다. 정원 작업을 시작하기 전에 자신의 구상을 실제의 설계로 옮기면, 정원이 더 정돈되고 아름다울 뿐 아니라 작업도 용이하고 사후 관리도 편하다. 전문가가 아니더라도 정원 설계부터 시작해보자. 설계 없이 자재를 구입하고, 나무나 꽃을 사서 심으면 낭비가 심하다. 원예 자재상이나 꽃시장은 마치 사탕이나 초콜릿 가게와 같아서 진열된 모든 상품을 사고 싶게 만든다. 색이나 모양에 끌려서 이것저것 욕심을 부리다보면 정원 용지에 맞지 않는 꽃을 살 수도 있고, 구입한 식물의 개성이 두드러져 전체의 조화가 깨지는 수도 있으며, 꽃이 한번 예쁘게 핀 다음에는 예상하지 않았던 빈 공간이 생겨서 당황스러운 경우도 있다.

정원 설계의 유의 사항

정원을 계획함에 있어 서두르는 것은 금물이다. 너무 빨리 결정하고 실행 단계로 들어가지 말고, 식물원이나 공원 등도 돌아보고 이웃의 정원도 살피면서 영감을 얻는다. 색과 형태 및 화기 등을 고려해 정원 부지 환경에 맞는 식물을 선정한다. 식물을 심을 위치, 배수로, 설치물 등을 표시하는 설계도를 작성한다.

설계를 시작하기 전에 몇 가지 미리 생각해야 할 점이 있다.

- 정원에서 얻고자 하는 바가 무엇인가?
- 정원 용지의 입지 조건은 어떤가?
- 기존 정원을 손보고자 하면, 무엇을 유지하고 무엇을 제거해야 하는가?
- 정원 부지의 크기와 방향에 맞는 정원 형태와 식물은 무엇인가?
- 손이 덜 가는 정원은 어떤 것일까?
- 정말 내가 설계할 수 있는가, 아니면 전문가의 도움을 받아야 하는가?

또한 정원 설계는 크게 두 가지 점을 만족시켜야 한다. 즉 보기에 좋고 이용하기 편리한 정원을 꾸미도록 설계해야 하지만, 반드시 지켜야 할 점이 몇 가지 더 있다.

- 햇빛을 많이 요하는 것(연못, 채소원, 온실 등)은 반드시 앞이 탁 트인 곳에 위치시킨다.
- 식물을 심는 정원은 배수의 문제가 제일 중요하다.
- 장소의 조건과 식물이 잘 어울려야 한다.
- 언제나 정원의 배경을 나무로 하여 연중 볼거리가 있도록 한다.
- 정원을 한번에 완벽하게 만들지 못할 때는 안쪽에서부터 바깥쪽으로 채워나온다.
- 작은 땅일지라도 단순하고, 일사분란하고, 과감하게 설계해야 한다. 오밀조밀한 진열은 깊은 인상을 주지 못한다.
- 꽃보다 잎이 더 오래가고 아름답다는 사실을 기억해야 한다.

이러한 주의사항을 앎에도 불구하고 흔히 저지르는 실수는 다음과 같다.

❀ 땅의 조건을 무시하고 개인적으로 좋아하는 꽃이나 나무를 심는다 : 햇빛을 아주 좋아하는 양지 식물과 그늘에서 잘 자라는 음지 식물이 있다. 모든 식물은 광합성을 함으로써 생육이 가능하기 때문에 음지 식물이라 해도 그늘이 심한 장소보다는 빛이 적당히 드는 곳에서 더 잘 자란다. 그러나 음지 식물이나 반음지 식물을 직사광선이 여러 시간 계속 내리쬐는 곳에 두면 제 모양을 내지 못한다. 예컨대 아프리카봉선화나 꽃베고니아를 양지바른 곳에 심으면, 한여름에는 키가 작아지고 꽃이 제대로 피지 못하면서 몸살을 앓게 된다. 반면 큰 나무 밑이나 정원 한 구퉁이의 볕이 덜 드는 곳에서 이들은 봄부터 가을까지 아주 예쁜 꽃을 피운다. 또 건조한 땅에서 잘 자라는 식물이 있고, 습한 곳에서 잘 자라는 식물이 있다. 예를 들어 요즘 유행하는 허브 식물인 라벤더는 건조하고 척박한 땅에서 잘 자라지만, 청초한 붓꽃은 습한 곳에서 잘 자란다.

❀ 너무 많은 종류를 심는다 : 좁은 땅일수록 여러 가지를 섞어 많이 심으면 조잡한 느낌이 들고 더 좁아 보인다. 이 꽃 저 꽃을 모두 심겠다는 욕심을 버리고, 정원 전체가 리듬을 가지고 조화를 이루도록 하면서, 중요한 요소에 포인트를 두어 넓어 보이는 정원으로 만들어야 한다.

❀ 식물이 완전히 자랐을 때를 생각하지 못한다 : 화단을 만들 때 그 꽃이 얼마나 클지 예상하지 못하면 화단의 모양이 어수선해진다. 다 자랐을 때의 키를 짐작해서 작은 것을 앞에 심고 큰 것을 뒤로 보내야 화단의 꽃을 고루 볼 수 있는데, 앞에 크게 자랄 식물을 심으면 키가 작은 꽃을 볼 수 없게 된다. 특히 나무는 성목이 되

었을 때를 생각하지 않으면 훌쩍 커서 창문을 가리거나 잔디밭에 큰 그늘을 드리우는 경우가 생기므로 심기 전에 반드시 그 나무들이 다 자랐을 때의 그림을 머릿속에 그려보아야 한다.

디자인의 구성 요소

정원 디자인을 할 때 정원의 크기와 상관 없이 공통으로 고려해야 할 점은 색채, 질감, 그리고 형과 선이다. 이러한 요소들이 조화와 통일성을 유지하고 때로는 서로 대비를 이루면서 균형을 잡고 그 가운데 리듬감이 흐르게 한다. 또한 한 부분에 강조점을 둠으로써 정원의 특징을 살려간다. 이 모든 일을 전문가의 영역으로 돌리기 쉽지만, 관심 있게 잘 관찰하고 연구하면 일반인의 상식과 감각으로도 아름다운 정원을 계획할 수 있다.

조화와 통일성 작은 정원일수록 조화와 통일성을 유지하는 것이 중요하다. 작은 공간에 여러 가지 식물을 무질서하게 심으면 좁은 공간이 더 좁고 어수선해 보인다. 전체를 구성하는 각 부분이 동일성 또는 유사성을 띠게 하여 각각의 특성을 가지고도 전체가 하나로 느껴지도록 하는 것이 작은 정원의 효과를 살리는 방법이다.

대비점 정원은 항상 어느 기점을 중심으로 양측의 크기나 형태가 대칭을 이룸으로써 균형을 잡는다. 대칭은 형식 정원에서와 같이 반드시 좌우가 대비되어야 한다고 생각할 필요는 없다. 비형식 정원과 같이 형태나 색채 및 질감 등의 균형을 맞추면 보다 자연스러운 분위기를 조성할 수 있다.

강조점 조화와 통일성을 이루면서 전체가 리듬감을 띠는 정원의 일부에 색상이나 질감 또는 형태적인 특성을 살린 식물이나 조형물 등을 두면, 시선을 집중시킴으로써 단조로움이나 산만함을 없애고 통일감 가운데 생동감을 불어넣는다. 그러나 너무 많은 강조점은 혼란이나 불안감을 주는 요인이 된다.

 이와 같은 내용을 고려해 정원을 설계하는데, 설계는 즉시 작업에 들어갈 수 있을 만큼 구체적이고 정확해야 한다.

정원 작업시 체크 리스트

설계가 끝나면 바로 정원 작업이 시작된다. 땅을 고르고, 배수의 문제를 해결하고, 화단을 만들어 그 경계를 마무리하는 한편 보도와 층계를 만들어 정원의 기본 틀을 만든다.

땅 고르기

정원을 만드는 데 있어 제일로 중요한 것은 땅 고르기다. 땅 고르기를 통해 여름철 장맛비나 폭우가 내릴 때 물이 고이지 않고 곧 빠질 수 있도록 해야 한다. 더욱이 물 빠짐이 좋지 않은 잔디는 여러 시간 동안 물에 잠기면 피해가 크기 때문에, 잔디가 넓은 면적을 차지하는 정원에서는 특히 땅 고르기를 철저히 해야 한다.

평지에 약간의 경사를 주어 물 빠짐이 좋도록 하는 작업도 필요하지만, 땅의 경사면을 처리하는 것도 문제다. 전원주택은 정원을 만들어야 하는 앞마당이나 뒷마당이 경사면을 이루는 경우가 있다. 경사가 그리 심하지 않으면 위쪽 흙을 약간 깎아서 아래로 펴면서 경사도를 줄일 수 있지만, 경사가 심할 때는 공사가 커진다. 특히 산이나 언덕을 절개해 만든 정원 자리는 경사면이 가파르다. 이때는 대부분 콘크리트 옹벽을 치거나 석축을 쌓아 마무리하는데, 이 경우도 지형을 잘 이용한 경사면 정원을 가질 수 있다. 절개지 앞쪽

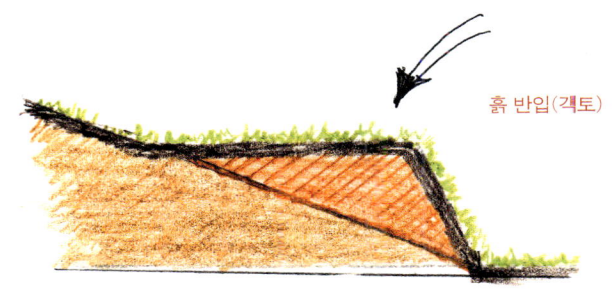

흙 반입(객토)

경사지의 정리
경사가 크지 않은 경우에는 흙을 반입하거나 퍼내어 평지를 넓히고, 경사가 급한 경우에는 중간에서 흙을 퍼서 아래를 메운다.

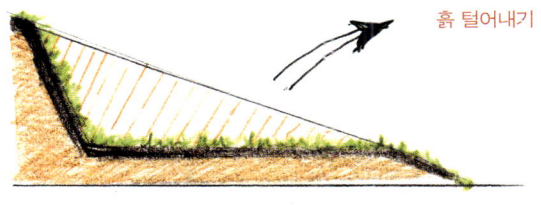

흙 털어내기

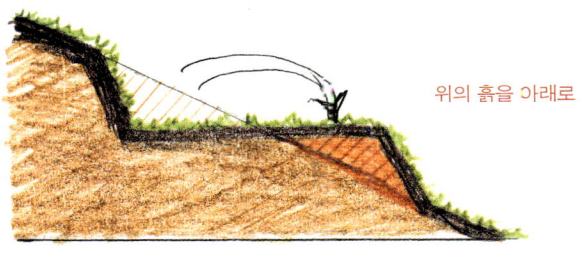

위의 흙을 아래로

땅에 여유가 있을 경우에 경사각을 줄이면서 경사면을 넓히고 돌을 심어 고르면, 멋진 돌 정원(rock garden)을 얻을 수 있다. 이런 돌 정원에는 햇빛을 좋아하면서 건조에 잘 견디는 식물을 심어야 한다. 경사면이 가파른 반면 정원으로 쓸 땅이 넉넉지 못할 경우에는 땅을 깎거나 외부의 흙을 들여와 평지를 넓히는 작업을 한다. 그림에서 보는 바와 같이 경사지 중간의 흙을 퍼내어 큰 경사를 작은 경사면 두 개로 만들면서 그 중간에 평지를 얻는다.

배수의 문제

정원이 건조해도 안 좋지만 더 큰 문제는 배수가 잘 되지 않는 땅이다. 앞서 정원 배수를 위한 땅 고르기를 설명했지만, 지대가 낮은 지역(지하 수위가 높은 지역)은 웬만한 땅 고르기로는 배수 문제가 해결되지 않는다. 우리나라와 같이 여름 장마철에 연강우량의 3분의 2가 며칠간 한꺼번에 쏟아지는 환경에서는 눈에 보이지 않아도 식물의 뿌리가 물에 잠겨 있는 시간이 긴 경우가 생긴다. 따라서 정원을 시작할 때는 배수 시설을 해주는 것이 중요하다.

가장자리에 배수관을 묻고, 물이 한번에 많이 몰리는 곳에는 맨홀을 만들어 물이 우선 빠진 후에 배수관으로 연결되도록 한다. 배수관을 묻지 않더라도 가능한 장소에 물이 흘러내릴 수 있는 도랑을 쳐주는 것은 물론, 도랑 치기가 적합하지 않은 장소에는 눈에 안 띄는 속도랑(암거)을 만들거나 다공관을 묻고 그 위에 흙을 덮어 보통 땅처럼 사용한다. 특히 지붕의 물이 한 곳으로 몰리는 물받이 배

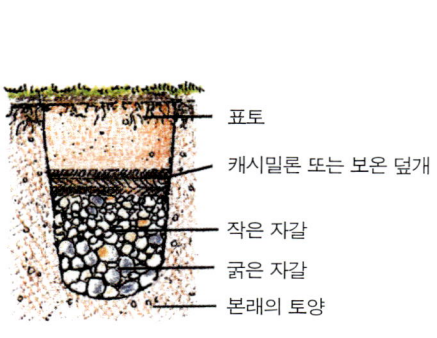

암거와 다공관
배수로를 내기 어려운 경우에는 암거를 설치하거나 다공관을 묻어 해결한다.

암거   다공관

표토
캐시밀론 또는 보온 덮개
작은 자갈
굵은 자갈
본래의 토양

수구에는 물 빠짐 장치가 필수다.

경사가 충분하지 않으면 지표면에 물이 머물게 되므로 속도랑을 설치해 물이 빠지도록 한다. 속도랑은 깊이 판 땅에 굵은 자갈을 깔고 그 위에 작은 자갈을 넣은 후에 캐시밀론 솜이나 보온 덮개 등을 덮어 흙이 밑으로 빠지지 않게 한 다음 밭흙을 다시 얹어 마구리한다. 배수의 문제는 아마추어의 노력에도 불구하고 계속 일어날 수 있다. 이때는 근본적이고 대대적인 토목 공사가 필요할 수도 있으므로 전문가의 진단과 조언을 들어야 한다.

배수가 잘되고 있나요?

다음과 같은 실험을 통해 배수의 정도를 확인할 수 있다.
- 정원의 가장 낮은 부위에 직경과 깊이가 각각 30센티미터인 웅덩이를 판 다음, 호스로 웅덩이에 물을 채우고 관찰한다.
- 물이 바로 빠지면 보수성과 보비력이 불량한 땅이다.
- 24시간이 지난 후에도 물이 남아 있으면 배수가 극히 불량한 땅으로, 배수 시설이 필요하다.
- 30분 내지 1시간 안에 물이 다 빠지면 적당히 배수가 잘 되는 땅이다.

경계의 마무리

화단이나 채마밭을 만들 때는 그 경계를 막아줄 필요가 있다. 경계를 막아주면 시각적으로 보기 좋을 뿐더러 경계 안팎으로 뻗어가는 식물을 차단하는 기능을 발휘한다. 예컨대 잔디가 화단 쪽으로 침범하는 것과 화단의 식물이 보도나 잔디로 침범하는 것을 막는다. 또 화단의 흙이나 자갈 등이 흘러 내려오지 못하게 하는 데도 경계의 마무리가 필요하다. 경계를 마무리하는 재료로는 벽돌, 돌, 가는 통나무 등을 이용할 수 있다. 원예 재료상에서는 플라스틱으로 만든 경계용 판을 판매하고 있으나, 식물과 어우러지는 멋이 천연 재료보다 떨어진다. 그 외에도 독창적인 소재를 사용해 자신만의 독특한 정원을 꾸밀 수 있다. 어떤 소재를 사용하든 경계의 효과를 내기 위해서는 땅을 어느 정도 깊게 파고 묻어야 한다. 그래야만 식물 뿌리의 넘나듦을 방지할 수 있다.

경계의 마무리
플라스틱판, 벽돌, 자연석, 가는 통나무 등을 활용할 수 있다.

보도 및 디딤돌 놓기

마당 전체를 자갈이나 보도블록 또는 콘크리트 등으로 마감하지 않고 잔디나 지피식물을 심은 경우에는 보도가 필요하다. 화단 내에서도 식물이 상하지 않게 작업하려면 보도나 디딤돌을 만드는 것이 좋다. 보도는 적어도 한 사람이 손수레를 끌고 다닐 수 있는 폭이어야 하며, 두 사람이 나란히 걸을 수 있는 정도면 바람직하다. 디딤돌을 놓을 때는 보폭에 맞춰 걷기 편할 정도의 간격과 넓이를 유지해 주어야 한다. 보도의 넓이는 가로 세로 각 20센티미터 보도블록을 사용할 때 네 장 정도면 적당하다. 보도 전체를 블록으로 이어 갈 수 있으나, 잔디밭에서는 두 줄 깔고 한 줄 띄면 보폭에 맞아 걷기도 편하고 보기도 좋은 보도로서의 기능을 완전히 살릴 수 있다. 보도나 디딤돌을 놓을 때는 직선보다 약간 굽게 하여 마치 오솔길과 같은 느낌을 주는 것이 좋다.

보도나 디딤돌의 재료로는 벽돌, 보도블록, 얇은 돌판 등을 다양

잔디밭의 보도
약간 굽은 보도는 오솔길의 느낌을 준다.

하게 사용할 수 있으나 주위의 식물과 건물 또는 정원 내의 구조물과 잘 어울리는 재료를 선택하도록 한다. 또한 보도블록이나 돌 틈 사이에 키가 작고 옆으로 퍼지는 지피식물을 심으면 아주 자연스럽고 보기가 좋다.

층계 만들기

경사진 정원에는 층계를 만들어 실용적으로 편리하게 사용하는 동시에 독특한 재료와 디자인으로 정원의 멋을 더할 수 있다. 층계를 만들 때는 주위 환경과 어울리는 재료를 써야 한다. 여컨대 현대식 건물 앞의 계단은 대리석, 화강암, 타일 등이 어울리고, 계단의 폭을 넓게 하여 용기 정원을 조성할 수 있게 한다. 층계의 재료로는 주로 벽돌이 사용되지만, 자연석을 활용하면 훨씬 정겨운 느낌을 준다. 또한 침목이나 통나무를 이용하면 훨씬 부드럽고 자연에 한 걸음 더 다가선 듯한 느낌이 든다. 그러나 이 모든 재료의 선택은 주위 환경과 잘 어울릴 때 그 효과를 발휘한다.

  층계는 무엇보다 오르고 내리는 데 있어 편리해야 한다. 주택 내의 층계와 달리 정원의 층계는 여유가 있어야 하는데, 각도는 평지에서 40도를 넘어서지 않아야 한다. 그 이상의 각도를 주면 안정감이 없어 오르고 싶은 마음이 들지 않는다. 층계의 높이는 최소 10센티미터에서 최고 20센티미터 사이로 하고, 각 층계의 깊이는 30센티미터가 적당하다. 높이 15센티미터에 깊이 38센티미터의 층계가 가장 이상적이지만, 정원이 넓지 않으면 불가능하기 때문에 최소한의 높이와 깊이를 유지하면서 조절할 수 있다. 층계의 높이가 높을

수록 깊이는 얕고, 낮을수록 깊어야 한다.

　높이와 깊이가 일정한 층계는 사용에도 안전하며 보기도 좋다. 층계가 길어지면 10~12번째 층계의 폭을 넓혀 쉬어 가는 장소를 마련한다. 이 쉼층계의 폭은 다른 층계의 두 배는 되어야 한다. 즉 10센티미터 높이 층계의 쉼층계는 96센티미터(48×2)의 깊이가 필요하다. 층계의 폭은 부지의 사정에 따라 결정되지만, 적어도 층계에 연결된 보도의 폭은 되어야 한다. 그보다 좁으면 왠지 부족하고 불안정한 느낌이 드는 반면, 그보다 넓으면 여유 있고 편안한 감을 준다.

　층계의 재료로는 벽돌, 화강암, 자연석, 침목 등을 이용할 수 있다. 자연스럽게 자체의 경사를 깎아 층계를 할 수도 있으나, 반드시 흙의 흘러내림을 막는 장치를 해야 한다.

층계 만들기
자연석이나 통나무를 이용하고, 긴 경사지에는 완만하고 넓은 단을 만든다.

바람직한 층계의 높이와 깊이

층계의 높이	층계의 깊이
10센티미터	48센티미터
13센티미터	43센티미터
15센티미터	38센티미터
18센티미터	28센티미터
20센티미터	23센티미터

우리집 마당에 꾸미는 미니 식물원

집에서 즐기는 삼림욕, 나무정원 만들기

한국의 정원이 자연을 울 안으로 끌어들여 그 자체를 보고 감상하는 정적인 공간이라면, 서양식 정원은 기능이 강조된 동적인 생활공간으로 평가된다. 오늘날 우리의 정원은 전형적인 한국 정원에 실용적 기능을 곁들인 형태로 발전했다. 좁은 공간에 수목화와 같은 사색의 정원만을 갖기에는 현대인의 생활이 너무도 역동적이며 서구화되었다. 따라서 정원을 정적인 감상 공간보다 생활공간의 확장으로 이용하고자 하는 욕구가 확대되고 있다. 긴박한 하루 일과를 마치고 여유로운 저녁을 누리고자 하는 욕구는 정원을 식물 이외에도 벤치나 식탁 등 여러 가지 시설을 갖춘 생활공간으로 변화시키고 있다.

정원의 목적과 형태에 따라 여러 가지 요소가 들어가기도 하지만, 나무를 심고 꽃밭을 만들고 나머지 부분을 잔디나 지피 식물로 마무리 짓는 것이 기본이다.

정원의 시작은 나무 심기에서 비롯된다. 집을 중심으로 나무부터 심고나서 빈터에 화단을 조성하게 되므로, 나무 종류와 심을 장소의 선택은 매우 중요하다. 처음 정원을 시작할 때는 봄소식을 알리는 하얀 목련과 흐드러진 벚꽃의 행진, 한여름의 짙은 녹음, 아름다운 가을 단풍, 그리고 겨울에 앙상한 가지가 연출하는 풍경을 상상하며 이것저것 욕심을 부린다. 그러나 식물의 성질을 올바로 이해하고, 설계에 따라 나무 심기를 해야 실패가 없다.

처음에 2~3년생의 나무를 심을 때는 비어 보이는 느낌이 들어 심는 간격이 가까워진다. 그러나 나무를 심은 지 5~6년이 지나면 그 중에 어떤 나무는 더 커져서 다른 나무에 그늘을 드리우고, 그 밑의 나무는 제대로 자라지 못하는 상황이 벌어진다. 또한 계획 없이 심은 나무들은 정원 전체에 정돈되지 않은 복잡한 느낌을 주거나, 심한 경우에는 아예 돌보지 않는 정원으로 보이게 한다. 흥미 있는 정원을 조성하기 위해서는 식물의 특성을 확실히 파악해 다양한 색깔, 크기, 형태와 질감을 고려한 조화롭고도 깔끔한 느낌을 연출해야 한다. 정원을 시작한 첫해에 모든 것을 완벽하게 하려고 욕심 부리지 말고, 시간을 두고 가꾸고자 하는 정원의 목적과 환경적 특성을 고려하며 서서히 완성해가는 것이 현명한 길이다.

나무의 선택

정원에 심을 나무를 고를 때는 우선적으로 그 지역에서 월동이 가능한 종류를 선택한다. 동시에 지역적 환경과 부합하더라도, 정원 부지에 적합한지 따져봐야 한다. 즉 정원 부지의 토성, 토양 수분, 해들기 등을 고려해 나무를 선택한다. 나무는 손이 많이 가지 않으면서도 수형 자체나 잎과 꽃 등이 매력적인 것을 택한다. 나무를 선정할 때 주의할 점은 나무가 다 자랐을 때의 크기를 반드시 생각하고 있어야 한다는 점이다. 즉 작은 것은 집 바로 앞에 심고, 큰 나무는 집에서 떨어진 곳에 심는다. 정원에 심는 나무로는 활엽수·상록수·화목류 들이 있는데, 각각의 특성을 잘 파악해 알맞은 나무를 선정하는 것이 중요하다.

상록수 소나무나 전나무와 같은 상록 교목은 눈가림과 방풍의 역할을 할 수 있으며, 화목류의 배경으로도 매우 적합하다. 특히 넓은 잎을 가진 상록수는 가림 기능이 뛰어나므로 모아심기를 해서 울타리나 정원 내 공간 나누기 등에 활용할 수 있다.

활엽수 키가 큰 활엽수는 야외 공간의 지붕 역할을 한다. 여름이면 그늘을 드리워 시원하게 하고, 가을에는 단풍이 들어 정원을 아름답게 물들인다. 겨울철에도 나무에 달린 열매, 가지의 색깔, 나무껍질의 질감 등은 훌륭한 정원 요소가 된다. 봄에는 나무가 커도 잎이 완전히 자라지 않기 때문에 그 밑에 화단이나 연못을 만들어도 무방해 보인다. 하지만 잎이 무성해지는 한여름에는 그늘이 짙어져 화단의 꽃이 제대로 피지 못하고, 하루에 4시간 이하로 빛이 들면 수련이나 연꽃도 피지 못한다는 사실을 유념해야 한다.

화목류 화목류는 대부분 관목이다. 꽃이 피지 않은 상태에서도 나무의 형태만으로 정원을 꾸미기에 손색이 없으며, 꽃이 필 때는 그 아름다움이 절정에 이른다. 식물에 따라서는 꽃과 함께 정원을 향기로 가득 채워 기쁨을 더해준다.

정원수의 형태
넓은 원추형, 가는 원추형, 넓은 원주형, 가는 원주형, 원형, 능수형이 있다.

정원 수목의 분류

분류		수종
상록수	침엽교목	구상나무, 소나무, 스트로브잣나무, 젓나무, 주목, 측백나무, 향나무
	활엽교목	가시나무, 동백나무, 가왜나무, 태산목
	활엽관목	남천, 사철나무, 호랑가시나무, 회양목, 후피향나무
낙엽수	침엽교목	낙우송, 메타세쿼이아, 은행나무
	활엽교목	감나무, 느티나무, 단풍나무, 모과나무, 목련, 튤립나무, 배롱나무, 벚나무, 산사나무, 산수유나무, 산딸나무, 자귀나무, 함박꽃나무, 화살나무
	활엽관목	개나리, 나무수국, 명자나무, 모란, 무궁화, 박태기나무, 병꽃나무, 수수꽃다리, 영산홍, 옥매, 장미, 조팝나무, 쥐똥나무, 진달래, 탱자나무, 황매화
덩굴성 수목		능소화, 다래나무, 등나무, 빈카, 송악, 인동덩굴, 클레마티스

나무의 형태는 대체적으로 원주형(넓은형, 좁은형), 원추형(넓은형, 좁은형), 구형, 그리고 늘어지는 능수형이 있다. 공간이 좁은 경우에는 옆으로 퍼지는 형보다 직립형이 좋다. 대다수의 어린 나무들은 직립형이지만 점점 옆으로 퍼져 구형이나 능수형으로 자라서 자리를 많이 차지하게 된다.

나무 심기와 간격

나무는 뿌리가 쉬는 시기에 맞춰 심는 것이 원칙이다. 뿌리가 활동을 시작하고, 특히 눈이 움직여 잎이 돋아나는 시기에 옮겨심으면 식물이 약해진다. 식목일로 지키는 4월 5일은 활엽수를 심기에 늦은 편으로, 경기 지방을 중심으로는 3월 20일 즈음이 적기다.

나무를 심을 때는 우선 묘목이 들어가기에 충분하도록 땅을 깊고 넓게 판다. 그리고 땅속에 퇴비 등의 기비를 넣고, 다시 흙을 덮어 비료에 뿌리가 직접 닿지 않도록 한다. 그리고 나서 묘목을 바르게 세운 후 파놓았던 흙을 반쯤 넣고 물을 충분히 주어 공기가 빠지게 한 다음, 다시 흙을 넣고 물을 부어 흙을 두드리면서 공기를 뺀다. 마지막으로 다시 흙을 더 넣어 심기를 끝마치고, 물을 더 많이 주면서 공기를 완전히 빼내 뿌리와 흙이 잘 어우러져 뿌리가 잘 뻗을 수 있는 환경을 만들어준다.

지대가 낮아 습한 곳에는 식물을 조금 높게 심고, 접목한 나무를 심을 때는 접목 부위가 땅속으로 너무 깊게 들어가지 않도록 해야 한다. 큰 나무는 바람에 흔들리지 않도록 버팀목을 세워 끈으로 묶어준다. 크기가 작은 정원에 큰 교목을 심는 것은 적합하지 않다. 가정에서 주로 심는 감나무, 복숭아나무, 목련 등은 건물과 적어도 2.4미터 이상, 또 다른 작은 관목과는 3미터 이상 간격을 벌려 서로 닿지 않도록 한다. 직립형의 작은 관목이라도 건물에서 90센티미터는 띄워 심어야 하고, 눈향나무와 같은 포복성 나무는 적어도 1.2미터의 간격을 둔다. 이때는 반드시 낙수가 떨어지는 처마 끝을 피해야 한다. 나무를 건물과 너무 가깝게 심으면 뿌리가 건물에 피해를 줄 수 있다. 큰 교목은 뿌리의 뻗는 정도가 대단히 넓을 뿐더러 물을 향해 뻗어가는 성질이 있으므로, 오래된 하수관을 파고 들어 하수관이 막히는 불상사도 일어날 수 있다.

정원에 어느 정도의 나무를 심을 것인가는 개인의 선택에 달려 있다. 그러나 처음 정원을 시작할 때는 보통 완전히 다 자란 나무를 심지 않는 이상 전체 부지가 비어 보이므로 너무 많은 나무를 심는 잘못을 저지르기 쉽다. 그러므로 빨리 자라는 나무와 천천히 자라는 나무를 섞어 심고, 천천히 자라는 나무도 커지면 간격과 수종을 생각하면서 솎아베기(간벌)를 한다. 특히 잔디를 기르기 원한다면 큰 나무를 심는 것은 금물이다. 잔디는 하루 종일 해가 드는 곳에서 잘 자란다.

  나무를 심은 다음에는 건조 방지를 위해 충분한 물 주기는 물론이고, 수분 증산을 줄이기 위해 수관의 3분의 1 정도를 전정하거나 잎을 솎아주어야 한다. 물을 대기가 어려운 위치는 물을 담은 비닐 봉지를 매달고 밑에 구멍을 몇 개 뚫어서 서서히, 그리고 지속적으로 물이 공급되도록 한다. 나무를 심은 후에 지상부가 바람 등에 의해 자꾸 흔들리면 새로 형성되는 잔뿌리가 끊겨 활착이 늦어지게 되므로, 나무나 철끈으로 지주를 세워 쓰러짐과 흔들림을 방지하도록 한다.

교목(tree)과 관목(shrub)의 차이점

일반적으로 성목이 되었을 때 키가 크면(대략 2미터 이상) 교목이라 하고 작으면 관목이라 하는데, 이러한 구분은 정확한 정의가 아니다.
교목은 다년생 목질의 곧은 줄기가 있고, 그 줄기에서 뻗은 가지의 구분이 명확하며, 중심 줄기의 신장 생장이 뚜렷한 수목을 말한다. 반면에 관목은 뚜렷한 중심 줄기 없이 비슷한 굵기의 여러 줄기가 있고, 대체로 키가 작다. 관목의 줄기는 뿌리 근처 또는 땅속에서 갈라지며, 개나리 등은 밑 줄기에서 가지가 갈라져 총생(뭉쳐나기)하나 주목 등은 중심 줄기가 가지보다 비교적 굵은 편이다.

정지와 전정

나무는 자연 그대로 자라도록 둘 수도 있으나 나무의 크기, 모양, 개화 및 결실 조절을 위해 정지와 전정을 해준다. 정지는 식물체의 골격, 외관을 구성하는 주간, 주지 등을 유인하고 절단해 수형을 만드는 작업을 말한다. 한편 전정이란 개화 및 결실에 직접 관여하는 측지, 결과모지(結果母枝), 결과 등과 같이 과실 생산과 관련된 가지를 잘라주는 것을 의미한다. 하지만 실제로는 정지와 전정을 구분해 쓰는 대신 전정이라고 통칭한다. 전정을 할 때는 수목의 생리 및 생태적인 특성을 고려하여 미관을 향상시키거나 원하는 목적을 달성하도록 한다. 전정 시기는 나무의 종류에 따라 다르나 일반적으로 다음과 같이 계절별로 전정할 수 있다.

수종별 전정 시기

전정 시기	수종
봄(3월~5월)	상록활엽수, 침엽수, 봄꽃 나무, 여름꽃 나무, 산울타리
여름(6월~8월)	낙엽활엽수
가을(9월~11월)	낙엽활엽수, 상록활엽수, 침엽수, 산울타리
겨울(12월~2월)	거의 모든 수종에서 실시하지 않으며, 불필요한 가지 등을 제거하는 정도로 한다.

대다수 나무는 봄에 전정하며, 간단하게는 겨울 동안 동사한 가지와 서로 같은 방향으로 겹쳐진 가지를 제거한다. 나무의 높이나 모양을 잡기 위한 전정도 봄에 주로 실시하는데, 주의할 점은 꽃눈의 분화 시기를 반드시 알아두어야 한다. 벚나무와 철쭉처럼 이른봄에 꽃을 피우는 나무들은 꽃이 지는 즉시 전정한다. 그 시기를 놓치면

꽃눈이 분화된 것을 전정하여 이듬해에 꽃이 빈약해지거나 아예 볼 수가 없게 된다. 장미나 무궁화와 같이 여름에 꽃이 피는 나무는 이른 봄에 전정을 하고 새로 나온 가지에서 꽃이 핀다.

상록수의 모양을 잡거나 높이를 낮추고자 할 때는 봄에 강한 전정을 할 수 있다. 여름에 잎과 가지가 너무 무성하게 자라 수광(受光)과 통풍이 불량해지면 솎아내기와 전정을 실시한다. 대부분의 나무가 이미 생육이 끝난 상태인 가을에 나무 모양을 다듬어주면 다음해 생육 시기에 아름답게 자란다. 겨울 전정을 하면 동해의 염려가 있으므로 특별한 경우가 아니면 하지 않지만, 필요에 따라 내한성이 강한 낙엽수에 실시하기도 한다.

전정 요령

5년생 정도의 활엽수 묘목은 주지와 가지들이 어느 정도 유인되어 나무의 모양이 제대로 잡힌 '표준형'을 구입할 수 있으나, 값이 상당히 비싸므로 어린 묘목을 구입해 스스로 정형을 만들어가는 것이 경제적이고 효과적이다. 어린 나무에서부터 나무 모양을 잡아가는 세 가지 방법은 다음과 같다.

기본형 주지는 자르지 않고, 은행나무처럼 밑에서부터 일정 높이의 주가지가 확실하고 튼튼히 자라도록 2~3년 동안은 밑의 가지를 모두 제거하고 위쪽의 강한 가지만 남겨 형을 잡는다.

원형 상부가 둥그런 모양을 이루는 형을 말한다. 초기 2~3년은 기본형과 같이 전정하고, 그 후로는 주지의 끝을 자르고 가지도 중간에서 전정하여 여러 개의 가지가 나오게 한다. 그리고 다음해에 또 밑의 가지는 잘라버리고 위에서 다시 전정하여 새로운 가지가 나오게 하면서 옆으로 둥글게 퍼지게 한다. 꽃사과, 벚꽃 등의 화목을 전정하는 방법이다.

깃털형 잔가지가 많이 생겨 나무 전체가 잎이 무성한 형을 말한다. 기본형과 비슷하나 전체적으로 전정을 많이 하지 않고 서로 겹치는 가지만 잘라내어 가지가 많이 생기도록 하는 방법이다. 보통 상록수들은 이러한 방법으로 모양을 잡는다.

성목을 전정할 때는 우선적으로 도장지(헛가지)와 죽거나 병든 가지를 제거하고, 같은 방향으로 자라 서로 그늘을 만드는 가지들을 잘라낸다. 전정한 부위에서는 새 가지가 왕성하게 돋아난다. 그러므로 나무가 불균형하게 자란 경우는 무성한 쪽은 약하게, 약한 쪽은 강하게 전정하여 새로운 가지가 나오면서 세력을 되찾도록 한다.

과일나무가 있는 정원

정원에 심어놓은 과일나무는 한 그루만 있어도 흐뭇하다. 이른 봄에 잎이 나기도 전에 주로 꽃이 피고, 꽃이 떨어져 잎이 나면서 맺힌 작은 열매가 봄비에 다 떨어져버리지 않을까 마음을 졸이면, 몇 개 남은 열매가 여름내 자라 가을로 접어들어 제 모습을 드러내 보이며 익는 것을 보게 된다. 그리고 그 모습을 보면서 자연을 느끼고 인생을 공부하며 철학적인 화두를 떠올리게 된다.

과일나무를 정원에 심으면 3월에 매실, 4월에 자두·살구·앵두·복숭아·배, 5월에 사과·감, 6~7월까지 대추·석류나무의 꽃이 핀다. 그리고 7월이 되면 어느새 복숭아를 수확할 때가 되고, 8월에는 포도, 9~10월에는 사과와 배를 수확한다. 감나무 끝에 미처 따지 못한 감은 서리가 내릴 때까지 푸른 하늘을 배경으로 깊은 가을의 정서를 느끼게 해준다. 본래 과일나무는 성숙 과정이 더뎌 할아버지가 심고 아버지가 키워서 아들이 따먹는다는 옛말이 있지만, 요즘 원예 기술의 발달과 함께 접목을 통해 만들어진 신품종들은 사과도 3년이면 과실을 볼 수 있다.

과일나무 가운데 가장 손쉽게 키울 수 있는 것은 감나무다. 그 밖에 대추, 앵두, 살구, 석류, 모과 등이 전통적으로 정원에 많이 심는 과수로서 별로 손질하지 않아도 잘 자라는 편이다. 복숭아, 배, 사과, 포도나무 등도 정원에 많이 심지만 진딧물 등의 해충이 잘 덤벼들고 열매를 맺는 습성이 다르기 때문에, 사전 지식을 습득해 정지

가정에 심는 과수

우리집 마당에 꾸미는 미니 식물원

와 전정 등의 관리에 신경을 써야 한다. 정지와 전정을 하지 않고 자연 상태로 방임하면 불필요한 가지가 무성해져 과수로서의 제구실을 못 하게 되고, 나무를 잘못 자르면 열매가 전혀 열리지 않는다. 그러므로 열매를 맺는 습성을 알고 그 나무의 특성에 맞게 전정하기 위해서는 반드시 전문가의 조언이나 전문 서적을 참고할 필요가 있다. 과일에 목적을 두지 않는 경우라도 초기에 수형을 잘 잡아 주는 것이 중요하다.

또한 복분자딸기, 블루베리, 크랜베리와 같은 관목형의 작은 과일나무를 심고 수확의 기쁨을 볼 수도 있다. 블루베리나 크랜베리는 산성 토양에서 자란다는 단점이 있지만, 크랜베리는 창가에 공중걸이 식물로 심을 수도 있다.

재배 요령 정원에 과일나무를 재배할 때는 토질, 월동 관계, 정원의 면적 등을 고려해 과수의 종류를 선택한다. 정원용 과수는 대부분 햇빛을 많이 요구하는 식물이므로, 하루의 절반 이상 햇볕이 드는 장소에 심어야 한다. 그러나 건물의 위치 등으로 부득이한 경우에는 서쪽에 심어 여름 동안 서쪽 햇볕을 이용하도록 한다. 바람이 자유롭게 통하는 장소가 좋으나, 겨울바람이 심한 곳은 피한다.

❀ 묘목 고르기 : 정원의 과일나무를 성공적으로 키우기 위해서는 좋은 묘목을 고르는 것이 필수다. 과일이 열리기까지는 보통 4~5년이 걸리므로, 정원에 심을 때는 적어도 3년생 이상의 묘목을 구입해야 관리가 편리하고 안전하다. 묘목을 고를 때는 다음과 같은 점을 주의해야 한다.
· 품종이 확실할 것
· 뿌리 부분이 크고 뿌리 수가 많을 것
· 눈과 눈 사이의 길이(마디)가 짧고 튼튼할 것
· 눈이 크고 충실하며 가지는 윤기가 있을 것
· 접붙이기를 한 경우 접이 잘 붙었는가 확인할 것
· 가지나 뿌리에 상처가 없고 병충해가 없을 것

❀ 묘목 심기 : 낙엽 과수의 묘목을 심는 시기는 휴면 중인 11월 중순부터 3월 중순, 상록 과수는 3월 상순부터 4월 상순이 적기다. 이보다 늦을 때는 실패의 가능성이 높다. 뿌리가 깊게 자라므로 지하수위는 1미터 이하로 물 빠짐이 잘되고, 지표로부터 60센티미터 정도까지는 비옥한 땅이어야 한다. 묘목을 심을 때는 우선 직경 1미터, 깊이 60센티미터 정도의 구덩이를 판다. 그리고 밑바닥에는 퇴비나 닭똥 또는 깻묵 등의 미숙 비료를 넣고, 그 위로 완숙된 퇴비와 흙을 넣어 뿌리에 미숙 비료가 직접 닿지 않도록 한 다음, 묘목을 바르게 세우고 그 위에 파놓았던 흙을 덮는다. 여름의 건조와 겨울의 동해를 방지하기 위해 북을 돋운다.

🌸 심는 방법 : 봄에 구입하는 과수 묘목은 일반적으로 흙이 많이 붙어 있지 않다.

① 구입한 묘목의 포장을 풀고 하룻밤 정도 뿌리를 물에 담가둔다.
② 묘목의 부러진 뿌리를 자르는 등 뿌리 손질을 끝낸 후 준비된 구덩이에 뿌리를 사방으로 고르게 펴고 흙을 덮는데, 너무 깊이 심어지지 않도록 주의한다.
③ 묘목을 심은 주위에 둥글게 물고랑을 만들고 물을 충분히 주어 뿌리와 흙이 잘 밀착되도록 한다.
④ 묘목을 적당한 길이에서 자른 후에 지주를 세워준다.

덩굴성 식물을 이용한 정원

덩굴성 식물을 이용하여 퍼걸러, 아치, 벽면 등을 보기 좋게 꾸밀 수도 있다. 덩굴성 식물로는 한두해살이 또는 여러해살이 식물이 이용된다. 한두해살이 식물은 일반적으로 꽃 피는 시기의 아름다움이 정원을 화려하게 장식하며, 여러해살이 식물은 꽃뿐만 아니라 식물의 형태 자체도 관상의 대상이 된다.

한해살이 덩굴성 식물 한해살이 덩굴성 식물은 생육 속도가 매우 빠르므로 정원의 계획을 바로 만족시킬 수 있다. 황금색이나 미색 꽃이 피면서 검은색에 가까운 진한 갈색의 화심을 가져 '검은 눈의 수잔(Black-eyed Susan)'이라고 불리는 툰베르기아(*Thunbergia alata*)나 나팔꽃류들은 봄에서 여름 사이에 한쪽 벽면 전체를 아름답게 뒤덮을 수 있다. 또한 한련화, 덩굴성 제라늄, 피튜니아 등은 나팔꽃이나 툰베르기아같이 크지는 않지만 그 늘어지는 성질과 화려한 꽃만으로도 장식 효과가 뛰어나다. 그 외에도 한해살이 덩굴성 식물로는 풍선덩굴(balloon vine), 유홍초(cypress vine), 덩굴성 꽃완두, 그리고 서구의 육종 회사에서 매해 경쟁적으로 새롭게 출시하는 나팔꽃 등이 있다. 한때는 라벤더 색의 나팔꽃이 선풍적 인기를 끌었고, 청순한 하늘색(heavenly blue), 홍색, 초콜릿 색, 순백색의 나팔꽃들이 새롭게 개발되어 나왔다. 그러나 이러한 식물들의 종자는 국내에서 쉽게 구할 수가 없는 것이 흠이다. 시계꽃(passion flower)은 온도만 맞으면 부겐빌레아처럼 여러 해를 사는데, 실내 정원을 꾸밀 때 활용하면 독특한 분위기를 연출할 수 있다.

덩굴성 식물
덩굴장미를 비롯한 덩굴성 식물을 퍼걸러나, 아치 등에 올리면 경관을 아름답게 할 뿐 아니라, 장소를 구분하거나 시원한 쉼터를 만들 수 있다

여러해살이 덩굴성 식물 큰 그늘을 원하거나 퍼걸러, 아치, 울타리 등을 꽃으로 장식하고 싶은 때는 여러해살이 덩굴성 식물을 이용한다. 대표적으로 이용되는 것은 덩굴장미, 등나무, 클레마티스, 서양인동, 능소화 등이다.

- 덩굴장미 : 이론적으로 사계 장미를 심으면 5월 말부터 계속 꽃을 볼 수 있지만, 사실 한여름에는 장미를 보기 힘들고 3월 중순이 지나 다시 꽃을 보기 시작한다.
- 등나무 : 늦은 5월에 등나무 밑에 앉으면 그 향기에 흠뻑 젖어든다.
- 클레마티스 : 6월이면 크고 아름다운 여러 색깔의 클레마티스 꽃이 흐드러지게 피어 정원을 빛나게 한다. 꽃의 크기는 대개 10센티미터 정도고 색깔도 다양하여 흰색, 분홍색, 보라색, 이들의 복합색 및 자주색 등이 있다. 우리나라에 도입된 종은 몇 개 되지 않으며, 흰색

과 보라색 계통이 주류다.

❀ 서양인동 : 한국 자생의 인동은 미색 내지 황색의 꽃을 가졌고 향기가 뛰어나지만 화기가 길지 않은 반면, 서양인동은 향기가 별로 없는 대신 꽃이 많고 여름내 아름답게 피는 것이 특징이다.

❀ 능소화 : 모든 꽃이 여름 더위에 시들어갈 때도 정원을 환하게 만드는 식물이 능소화다. 주황색의 꽃이 진한 녹색의 잎과 대조를 이루며 핀다. 덩굴성이 강해 벽을 타고 지붕 위로 쉽게 퍼져가지만, 그 강한 생명력이 해가 되기도 한다. 뿌리가 기와를 들추고 들어가는 피해를 주는 경우가 있으므로, 봄에 적당한 전정으로 지나친 생육을 미리 막는다. 독성이 있다는 점에 주의해야 한다.

클레마티스
꽃 색깔이 다양한 클레마티스는 벽면과 아치 등에 잘 이용된다.

덩굴의 유인 덩굴성 식물은 고정된 수형이 아니므로 적절히 유인해줌으로써 목적에 맞게 키울 수 있다. 따라서 바르게 유인하려면 먼저 덩굴성 식물을 기르는 목적부터 분명히 한다. 그늘을 드리는 것, 눈가림(screen), 정원의 장식 효과 등의 목적에 따라 유인 방법이 달라질 것이다. 또한 감는 특성에 따라 지지물과 유인 방법이 달라진다.

덩굴성 식물은 감는 양식에 따라 다음 네 가지로 나눠볼 수 있다.

❀ 덩굴손 : 줄기·잎·턱잎 등의 변형 기관인 덩굴손의 접촉 자극에 의해 감기 운동이 일어난다. 덩굴손 식물은 벽면을 등반하기 어렵기 때문에 격자나 네트류 또는 지지목 등 보조 재료의 설치를 필요로 한다. 포도나무·클레마티스·머루 등이 속한다.

❀ 줄기감기형 : 부착근·부착반·덩굴손 등 등반을 위한 기관 없이 줄기 자체가 나선형으로 다른 물체를 감아 올라간다. 벽면을 녹화하기 위해서는 보조 재료의 설치가 필요한데, 보조 재료는 덩굴 식물의 줄기보다 너무 굵거나 가는 것은 피한다. 등나무, 인동덩굴, 오미자나무 등이 대표적이다.

❀ 부착반형 : 덩굴손 끝에 형성된 부착반을 이용해 벽면 등에 부착한다. 부착반형은 거의 모든 면에 잘 부착되므로 벽면 소재로서 폭넓게 이용된다. 담쟁이덩굴이 대표적이다.

❀ 부착근형 : 줄기의 마디나 마디 사이에서 발생하는 부정근에 의해 표면에 흡착된다. 벽돌 틈새처럼 건조한 틈바구니에 뿌리를 내리며, 식물이 자랄수록 뿌리가 단단해져 식물의 무게를 지지한다. 능소화, 마삭줄 등이 속한다.

능소화
능소화는 꽃이 많지 않은 한여름의 정원을 장식하는 대표적인 덩굴성 식물이다.

우리 가족과 함께하는 꽃밭 만들기

나무가 자리를 잡으면 다음으로 꽃밭을 꾸미게 된다. 꽃밭은 1, 2년 초화나 숙근초가 주를 이룬다. 요새는 서양에서 유래한 1, 2년초화보다 우리나라의 정서를 깊이 느낄 수 있는 야생화에 대한 관심이 높아지고 있다. 봄의 꽃밭을 장식하는 꽃으로는 역시 구근식물을 빼놓을 수가 없다. 구근식물은 일반 꽃들과 재배 방법이 다르기는 하지만, 한번 재배법을 습득하면 다른 한두해살이보다 훨씬 다루기가 쉬워서 시간에 쫓기는 현대인의 정원에는 안성맞춤이다.

꽃밭을 위한 사전 점검

해 들기와 꽃밭 화단의 입지 조건에서 가장 중요한 요소는 일조 시간(해 들기)이다. 일조 시간에 따라 식물의 선택이 달라진다.

일조 조건에 따른 식물의 분류

구분	잘 자라는 식물
하루 종일 햇볕이 드는 곳(남향 정원)	호광성 초화**
오전에 햇볕이 들고 오후에 그늘지고 음지인 곳(동향 정원)	호광성 초화**, 반음지성 초화*
오전에 그늘지고 오후에 햇볕 드는 곳(서향 정원)	호광성 초화*, 반음지성 초화**
하루 종일 그늘진 곳(북향 또는 건물에 가려진 정원)	반음지성 초화*

** 잘 자람 * 비교적 잘 자람

식재할 식물은 풀의 길이나 꽃의 색을 중심으로 선택하지만, 그보다 햇볕에 적응하는 등의 생태적 특성을 우선 고려해 정원 환경에 적합한 식물을 고르도록 한다. 한두해살이 화초는 대부분 빛을 좋아하는 양지식물이나, 약간의 그늘에서도 잘 자라는 식물이 있다. 또한 관상의 방향, 접근성, 전체적인 동선 등을 따져 화단을 계획한다.

관상의 방향과 접근성 고려 꽃밭의 자리를 잡고 식물을 심고자 할 때는 우선 어느 방향에서 화단을 쳐다보게 될 것인지에 대해 생각해야 한다. 만약 거실이나 침실에서 밖을 내다보는 경우가 많다면, 화단이 창문을 통해 아름답게 보이도록 설계한다. 반면 꽃이 피는 시기에 잔디밭이나 중정(patio) 등의 야외에서 주로 시간을 보낸다면, 그 자리에서 보기 좋은 화단을 꾸며야 한다.

화단을 조성할 때에 함께 유의할 점은 얼마나 쉽게 꽃밭으로 들어갈 수 있는가 하는 접근성이다. 옮겨심기, 잡초 제거, 묵은 꽃 따주기 등 잡다한 정원 일을 쉽게 하기 위해서는 화단의 폭이 손을 뻗쳐서 닿을 수 있는 거리여야 한다. 이보다 넓으면 디딤돌을 놓거나 통로를 냄으로써 작업도 용이하고 통풍도 좋게 한다. 화단은 정원 한가운데 또는 담이나 건물 등의 구조물 앞에 위치할 수 있으나, 면적이 좁은 정원은 되도록 가장자리에 화단을 꾸며 공간을 보다 넓어 보이게 한다.

여유 있는 봄맞이 무스카리가 겨울잠을 자는 잔디 사이로 나오기 시작하면 크로커스, 수선화, 튤립 등의 추식구근이 봄 화단을 아름답게 장식한다. 내한성이 강한 1년 초화로 팬지, 프리뮬러, 데이지 등이 제일 먼저 화원에 나오기 시작한다. 그러나 너무 서둘러 화단

봄소식을 알리는 추식구근류
무스카리, 수선화, 크로커스는 그 전해 11월에 심고, 종자는 서리 피해가 없는 4월 말이나 5월 초에 묘가 준비되도록 역산하여 파종한다.

에 심으면 피해를 면키 어렵다. 경기 지방의 늦서리가 끝나는 시기가 4월 20일 이후이므로 그 전에 심는 것은 위험하다. 그러므로 파종은 늦서리 기간을 고려하여 너무 일찍 하지 말고 보통 옮겨심기 6~8주 전에 하며, 옮겨심기 역시 5월 초에 하는 것이 안전하다. 냉해는 극복되지만 식물 세포가 얼어버리는 동해는 복구하기 어렵다. 햇볕이 잘 드는 벽이나 담 앞은 냉·동해의 피해가 적고, 찬바람이 세거나 그늘이 지는 곳은 피해가 더 심하다.

한해살이와 여러해살이의 조화

아름다운 화단을 유지하기 위해서는 세심한 주의와 노력이 계속 필요하다. 식물에 따라 꽃 피는 시기가 다르므로(부록 2 참조) 1년에 2~3회 정도 새로운 화초로 바꿔 심어야 계속 꽃을 볼 수 있다. 이러한 수고를 덜기 위해서는 화기를 맞춰 한해살이와 여러해살이를 섞어 심어서, 꽃이 진 후에도 꽃 심었던 자리가 빈 공간으로 남지 않도록 해야 한다.

또한 화초들은 꽃 피는 기간이 일반적으로 짧은 편이므로, 여러 차례 꽃을 바꿔 심어야 한다. 이러한 번거로움을 줄이는 방법은 한 번 심어 오래 즐길 수 있는 종류를 선택하는 것이다. 피튜니아, 아게라툼(풀솜꽃), 백일홍, 맨드라미, 천수국(매리골드), 한련화, 매일초(빈카) 등은 한해살이 식물이지만 관리만 잘하면 늦봄부터 가을까지 꽃을 볼 수 있다. 이들 꽃은 여름의 한더위 중에는 시들하다가도 8월 중순 이후에 찬바람이 건듯 불면 다시 살아나서 아름다운 꽃을 피우기 시작한다. 백일홍이 여름을 지내고 다시 꽃을 피우기 시작할 때마다 그 이름이 허명이 아니었음을 느낀다. 꽃베고니아, 아프리카봉선화, 뉴기니도 봄부터 가을까지 계속 꽃이 피는데, 이들은 반음지나 반사광이 드는 곳에서 자란다. 반면에 직사광선이 오래 비치는 곳에 심으면 심한 몸살을 하며 꽃이 제대로 피지 않는다.

뉴기니
(*Impatience newguinea*)
아프리카봉선화(Impatience walleriana)와 같은 속이나 종명이 다르며(Impatience newguinea), 그 종명(newguinea)을 따라 우리나라에서는 뉴기니라 부른다.

꽃을 계속 보기 위한 손질

한해살이식물은 종자가 맺히면 그 생활사가 모두 끝나 자연적으로 죽게 되어 있다. 그렇기 때문에 1년 내내 한해살이식물의 꽃을 계속 보고 싶다면 꽃이 핀 다음에 씨가 맺히지 않도록 바로 꽃을 따주어야 한다. 꽃을 따줄 때는 손으로 잡아당겨 뽑는 것이 아니라 잘 드는 꽃가위를 사용해 잘라서(전정) 상처를 적게 한다. 필요에 따라 추비를 하기도 한다. 꽃 밑의 2~3개 마디를 잘라 전정해주면, 새로운 꽃이 2~3개의 곁순에서 새롭게 피어 전정 효과를 나타낸다.

야생화 기르기

• 한국원예학회 편,
《생활원예》, 향문사, 1999

야생화란 산과 들에서 저절로 꽃을 피우며 자라는 꽃식물들을 말한다. 우리나라에 자생하고 있는 식물은 179과, 897속에 종·아종·변종 등을 합쳐 4,855종류이며, 그 중 화훼용으로 활용할 수 있는 식물은 대략 593종이라고 한다.•• 야생식물의 꽃은 도입종처럼 화려하지는 않지만 소박하고 단아한 멋을 풍긴다. 최근 들어 우리 고유의 미를 찾는 사람들 사이에서 시작된 야생화 기르기가 점점 일반화되고 있다.

야생화는 개화기가 다양해 이른 봄부터 늦가을까지 정원에서 야생의 정취를 즐길 수 있게 한다. 또한 꽃 색깔과 모양도 많아서 끊임없는 변화를 정원에 도입할 수 있다. 야생화는 야생의 멋을 풍기는 동시에 환경에 대한 적응력과 번식력이 강해 재배가 용이한 편이다. 그러나 잡초와 같은 야성이 뛰어나 때로는 화단 전체를 뒤덮는 참변을 경험하게도 한다.

개화 시기에 따른 야생화의 분류

구분	식물의 종류
봄	개불알꽃, 깽깽이풀, 금낭화, 노루귀, 동의나물, 미나리아재비, 복수초, 붓꽃, 산마늘, 삼지구엽초, 앵초, 양지꽃, 얼레지, 은방울꽃, 자란, 제비꽃, 족도리풀, 창포, 처녀치마, 하늘매발톱, 할미꽃, 현호색
여름	곰취, 꽃창포, 꿀풀, 금불초, 금꿩의다리, 기린초, 노루오줌, 도라지, 동자꽃, 두메부추, 무릇, 맥문동, 백리향, 벌개미취, 범부채, 부들, 부처꽃, 왕원추리, 옥잠화, 우산나물, 이질풀, 상사화, 참나리, 층층이꽃, 패랭이꽃
가을	각시취, 감국, 개미취, 구절초, 곰취, 꽃무릇(석산), 꽃향유, 마타리, 배초향, 벌개미취, 산부추, 쑥부쟁이, 용담, 잔대, 층꽃나무, 털머위, 투구꽃, 해국

화단에는 야생화 중에서도 초본류를 주로 심는데, 그 생육 주기

에 따라 한두해살이풀·여러해살이풀·구근식물이 사용된다. 물봉선화·꽃향유·산괴불주머니·솔체꽃·조개나물 등은 한두해살이풀이며, 은방울꽃·패랭이꽃·구절초·용머리·비비추·앵초 등 화단에 도입된 대부분의 아름다운 초화류는 여러해살이풀에 속한다. 한편 구근류는 얼레지·나리류·자란·무릇·개상사화 등이 있다.

야생화는 한해살이풀이라 할지라도 대부분 그 자리에 씨가 떨어져 다시 자라기 때문에 여러해살이풀처럼 계속 잘 자란다. 그러나 씨로 번식되는 야생화 중에 종자의 비산(飛散)이 뛰어나 처음 장소에서 멀리 떨어진 곳에서 자라는 식물 때문에 당황스러운 경우도 있다. 야생화는 종류가 다양할 뿐 아니라 식물별 재배법도 완전히 알려져 있지 않으므로 더 많은 관찰과 끊임없는 실험이 뒤따라야 하고, 그럴수록 야생화 재배가 더 흥미롭고 보람도 크다. 야생식물은 재배 환경이 다양해 강한 뙤약볕이나 깊은 그늘에서도 자생하는

화단에서 즐기는 야생화
① 꽃무릇 ② 현호색
③ 상사화 ④ 복수초
⑤ 제비꽃

노루귀와삼색제비꽃,
미나리아재비

종류가 있다. 일반적으로 도입종 화훼류에는 그늘에서 잘 자라는 식물이 한정되어 있으나, 야생식물은 대다수가 반음지나 음지에서 잘 자라므로 특히 그늘 정원을 조성할 때 이용하면 좋다.

햇볕 조건에 따른 야생화의 분류

구분	식물의 종류
양지식물	구절초, 금꿩의다리, 기린초, 돌나물, 마타리, 물레나물, 미역취, 부처꽃, 산솜방망이, 술패랭이꽃, 섬백리향, 양지꽃, 용머리, 원추리, 제비꽃, 초롱꽃, 패랭이꽃(석죽), 할미꽃
반음지식물	곰취, 금낭화, 꿩의다리, 나리류, 남산제비꽃, 노루귀, 노루오줌, 개불알꽃(복주머니난초), 산괴불주머니, 산마늘, 알록제비꽃, 얼레지, 으아리, 자란, 태백제비꽃, 터리풀
음지식물	고사리류, 도깨비부채, 둥글레, 비비추, 삿갓나물, 석산, 애기나리, 우산나물, 은방울꽃

구근 기르기

알뿌리(구근)식물은 대부분 한번 심으면 별도의 관리 없이도 잘 자라 아름다운 꽃을 피우는 특성이 있다. 재배법이 간단하기는 하지만 다음해에도 아름다운 꽃을 틀림없이 보기 위해서는 구근의 채취 및 보관 등의 방법을 익혀야 한다. 구근은 겨울을 날 수 있는 능력, 즉 내한성에 따라 크게 두 종류로 구분한다. 다시 말해 가을에 심어 봄에 꽃이 피는 내한성 추식구근(秋植球根)과, 내한성이 약해 봄에 심어 여름에 꽃이 피는 비내한성 춘식구근(春植球根)이 있다. 또한 구근 형태에 따라 인경, 구경, 근경, 괴경, 괴근으로 나누기도 한다.

구근 형태에 따른 분류

구분	특징	구근의 종류
인경 또는 비늘줄기(鱗莖, bulbs)	줄기가 변형된 저장 기관으로 여러 쪽의 인편(비늘조각)이 모여서 하나의 알뿌리를 형성	나리류, 백합, 수선화, 아마릴리스, 튤립, 히아신스
구경 또는 알줄기(球莖, corms)	줄기가 변형되어 알뿌리를 형성	글라디올러스, 익시아, 프리지어, 크로커스
근경 또는 뿌리줄기(根莖, rhizomes)	땅속의 줄기가 비대하여 양분과 수분이 저장된 기관	꽃창포, 생강, 칸나
괴경 또는 덩이줄기(塊莖, tubers)	땅속의 줄기가 비대하여 알뿌리를 형성	아네모네, 칼라, 칼라듐
괴근 또는 덩이뿌리(塊根, tuberous roots)	뿌리가 비대해져 알뿌리를 형성	글로리오사, 달리아, 러넌큘러스

봄에 구근을 심는 달리아, 칸나, 글라디올러스, 아마릴리스, 꽃생강 등의 원산지는 주로 열대 지방이다. 초여름부터 가을에 걸쳐 꽃

비늘줄기 구근류
참나리와 백합은 비늘조각이 모여서 알뿌리를 형성한다.

이 피고 가을이 되어 서리가 내리면 지상부가 죽는다. 노지에서 겨울을 날 수 있는 내한성 추식구근과 달리 비내한성 춘식구근은 그대로 두면 얼어죽기 때문에 겨울이 오기 전에 캐내어 적당한 온도에서 특별히 관리해야 한다.

가을에 심는 내한성 구근인 수선화, 튤립, 히아신스, 무스카리 등은 이듬해 봄에 꽃이 핀 후에 여름이 되면 지상부가 말라죽는 경우가 많고 뿌리도 생장을 멈춘다. 지상부가 말라죽어도 지하부는 날씨가 서늘해지면 다시 생육을 시작하고, 겨울에는 땅속에서 휴면 상태로 있다가 이듬해 봄에 생육이 재개되어 아름다운 꽃을 피운다. 우리나라와 중국 및 일본 등이 원산지인 참나리, 말나리, 하늘나리 등의 나리 종류는 특히 내한성이 강한 편이다.

구근 심기 구근 심기는 매우 간단하다. 봄에 피는 구근은 가을에 심고, 여름에 피는 구근은 봄에 심는다고 생각하면 크게 잘못이 없다. 그러나 가을에 심는 구근을 너무 일찍 심으면 싹이 일찍 나서 월동하지 못하고 얼어죽는 경우가 있다. 특히 알리움은 9월에 심으면 겨울이 오기 전에 너무 크게 자라 지상부가 얼어죽는데, 이듬해에 그 구근에서 다시 싹이 나와 자라기에는 저장 양분이 이미 부족해서 정상적인 생육이 어렵다. 그러므로 10월 말이나 11월 초에 심어 싹이 조그마하게 자라면서 월동을 해야 다음해에 크고 아름다운 꽃을 피울 수 있다.

구근을 심을 때는 보통 구근 두께의 2~3배 되는 깊이에 심지만, 백합은 4배 정도의 깊이로 구멍을 파고 심어야 한다. 모종삽 등을 이용해 적당한 깊이로 땅을 파고, 구근을 바로 놓고 흙을 덮는다. 이때 구근이 구멍의 바닥에 완전히 접촉되도록 주의해야 한다. 구근이 밑바닥의 흙과 닿지 않아 공기주머니가 생기면 뿌리가 제대로 나지 못하고 썩기 때문이다. 또한 전년도에 자란 굵은 줄기 때문에 구근의 가운데가 비는 경우가 있는데, 이때는 구근을 살짝 기울여 심어서 구근의 가운데 물이 고이지 않게 한다. 구근을 많이 심을 때는 구멍을 하나하나 파기보다 재식 깊이보다 약간 깊고 넓은 구덩이를 파고, 배양토를 깔아 높이를 조정한 다음 구근을 적당한 간격에 바로 놓고 흙을 덮어준다. 그리고 겨울 동안에는 그 위에 원예용 퇴비 등을 더 덮어주는 것이 좋다.

구근은 줄을 맞춰 일정한 간격으로 심기보다 자연스럽게 흩어 심는 편이 좋다. 그래서 구근을 심을 때는 뒤로 돌아 구근을 뒤로 던져서 떨어진 그 자리에 자연스럽게 심으라고 충고하는 외국 서적도 있다. 봄이 오는 동시에 한꺼번에 꽃이 피기를 원하면 같은 품종을 한 부분에 몰아심는 것이 좋지만, 노란색의 수선화와 보라색의 크로커스를 이웃해 심는 조합도 좋은 연출이다.

일반 관리 구근식물은 특별한 조치 없이 아름다운 꽃을 피우기 때문에 꽃 중에서 가장 관리가 수월한 편이지만, 조금만 신경 쓰면 더 좋은 꽃을 볼 수 있다. 구근식물도 아름다운 꽃을 피우려면 충분한 수분 공급이 필요하다. 물 주기를 특별히 하지 않아도 꽃이 피기는 하지만, 아주 가문 봄에 한 주에 한 번 정도 물을 흠뻑 주면 꽃이 크고 색이 아름다워진다. 비료는 꽃이 지기 시작할 때 주는데, 구근을 잘 자라게 해서 다음해에 큰 꽃을 보기 위해서다. 비료는 화학 비료를 사용할 수 있으나, 가능하면 유기질 비료로 지력을 향상시킨다.

꽃이 지는 즉시 줄기와 잎을 제거하는 것은 금물이다. 구근에서 시든 부분들을 떼어내기 적당한 시기는 잎과 줄기가 완전히 말라 시들어 별로 힘들이지 않고 줄기가 당겨질 때다. 푸른 배경에 핀 구근식물의 꽃은 더욱 돋보이고 아름다워 보여서 잔디에 심기도 한다. 구근 주변의 잔디를 깎을 때는 구근이 상하지 않도록 주의한다. 또한 잎과 줄기가 시들면 곧바로 깨끗이 제거해야 하는데, 손으로 잡아뜯지 말고 전정 가위를 사용해 잘라주어야 한다. 잔디에 심은 구근이 휴면기에 들어가면 심긴 장소를 정확히 알 수 없으므로 이식이나 분주 등은 싹이 돋아 잔디와 구분될 때 실시한다.

구근의 관리 및 보관 꽃이 지면 꽃대를 자르고 밑동에 비료를 주어 구근이 굵어지도록 한다. 가정의 화단에 심은 내한성 강한 식물은 캐내지 않고 그대로 둬도 이듬해에 다시 싹이 나고 꽃이 핀다. 그러나 한 곳에 여러 해 방치하면 구근이 퇴화되거나 병이 생길 수 있으므로 몇 년에 한 번씩은 캐내어 다시 심을 필요가 있다. 꽃이 지고 잎이 누렇게 되어 완전히 시들면 지상부를 제거하고 캐내어 말린다. 마르면 그물주머니에 넣어 그늘에 보관하고, 겨울 동안에

시크라멘, 칼라, 수선화

는 덥지 않고 얼지 않을 만한 장소에 보관한다.

단단한 구근은 말려서 보관이 가능하지만 백합과 같이 육질이 연한 구근은 모래, 톱밥, 수태 등에 습기가 있도록 보관한다. 상처 등으로 인한 부패를 방지하기 위해서는 구근이 서로 닿지 않도록 하여 4~10도쯤으로 냉장고 온도 정도 되는 어두운 곳에 보관해둔다. 달리아, 칸나, 구근베고니아 등은 저장 중에 쉽게 마를 수 있으므로 3~4주에 한 번씩 수분을 공급해준다.

구근식물의 번식 구근식물도 꽃이 피고 종자가 맺히기 때문에 종자 번식이 가능하지만, 그렇게 용이한 편이 아니다. 그 이유로는 첫째, 구근식물은 파종에서 개화까지의 기간이 길다. 예를 들어 수선화나 튤립이 발아하여 개화하기까지는 4~5년이 걸린다. 둘째, 대부분의 구근식물은 교배 육종된 잡종이 많으므로 종자에서 얻은 식물이 애초 바라던 식물이 아닌 교배모본의 형태로 분리되어 나타날 수 있다.

이와 같은 단점에도 불구하고 육종을 목적으로 하거나, 새로운 구근의 생성이 용이하지 않거나, 다량 번식을 위해 종종 종자 번식법이 선택된다. 예컨대 다년생 구근식물인 시클라멘은 취미 재배나 야생종 재배가 아닌 전문적인 재배의 경우에 주로 종자를 이용한다. 9월 중순에서 10월 중순에 파종하면 다음해 12월부터 개화한다.

❀ 분구 : 꽃이 지고 잎이 마르면 한 덩어리로 뭉쳐 있는 구근을 파내어 흙을 털고 조심스럽게 알뿌리를 하나씩 떼어낸다. 튤립과 수선화와 같은 구근은 알뿌리를 캔 즉시 분구하여 심을 수 있으나, 알리움은 서늘한 그늘에서 늦가을까지 바람에 말리고 11월에 심는다. 또한 춘파구근은 보관했다가 다음해 봄에 심는다. 분구한 알뿌리는 크기별로 대·중·소로 분류한다. 큰 것으로 분류된 모구와 큰 자구(子球)는 바로 다음 생장기에 꽃이 피지만, 중간 크기의 알뿌리는 꽃이 못 피는 경우도 있다. 작은 뿌리는 절대적으로 더 키워야 한다.

❀ 자구 및 주아 키우기 : 작은 알뿌리로 분류되는 자구와 나리류의 잎겨드랑이에 생기는 주아(珠芽)는 별도로 분류해 더 키운다. 10센티미터 깊이의 골에 밑거름을 넣고 2~3센티미터 정도로 모래를 깐 다음, 그 위에 자구나 주아를 15~20센티미터 간격으로 앉힌다. 그리고 부식질이 많이 든 흙으로 덮은 후에 필요에 따라 복합 비료를 흩뿌려준다. 자구나 주아가 작을 때는 구덩이의 깊이를 얕게 해 최종적으로 복토의 깊이가 자구나 주아 크기의 3배 정도가 되도록 조절한다. 글라디올러스와 크로커스 같은 알줄기에는 작은 자구가 모구 위에 생기는데, 이들 자구는 모구가 완전

히 마른 후에 떼어내어 같은 방법으로 키운다.

❀ 인편으로 번식 : 나리류와 같이 비늘뿌리(인경)가 형성되는 구근은 인편을 떼어 꺾꽂이(삽목)를 해서 새로운 알뿌리가 생기도록 유도한다. 잎이 시들면 알뿌리를 조심스럽게 캐서 흙을 털어버리고 인편을 하나씩 뜯어 모래 상자에 심는다. 6주 정도 지난 후에 심겨진 인편 밑에 새로운 자구가 생겼는지를 확인한다. 자구가 생기면 상자 그대로 겨울을 나게 하는데, 이때 얼지 않도록 주의한다.

우리집 미니 운동장, 잔디정원 만들기

지면을 덮는 지피식물에는 여러 가지가 있으나, 미적 감각과 더불어 실용적인 면에서도 잔디가 가장 사랑받고 있다. 잔디는 밟힘에 잘 견디는 내답성(耐踏性)이 뛰어나 건물 주변의 공간을 두루 덮어도 상하지 않고 경관을 좋게 한다. 뿐만 아니라 지면의 급작스러운 온도 변화를 막아 여름에는 서늘하게 하고, 겨울에는 땅의 냉기를 감해준다. 협소한 공간과 제한된 시각의 범위에서 주로 활동하는 오늘날에는 이러한 환경에서 벗어나 푸르름을 접하고자 하는 욕구가 점차 늘어나고 있다. 더욱이 주 5일제의 확대 실시와 노동 시간의 축소로 말미암아 여유 시간이 많아짐으로써 야외 활동에 대한 관심이 고조되어 전원생활을 꿈꾸는 사람이 많아졌다. 그리고 전원주택을 선택한 대부분 사람은 주택 주변에 잔디를 조성한다.

잔디의 선택

잔디를 재배함에 있어 조성 당시의 성패뿐 아니라 장기간에 걸친 안정적 유지에 중요한 요소는 무엇보다 잔디 종류의 선택에 달려 있다. 자세히 관찰하지 않으면 모두 같아 보이지만, 실제로는 잔디의 종류가 꽤 많다. 잔디는 일반적으로 외국에서 도입해 재배하고 있는 외래종(서양잔디)과 재래종(한국잔디)의 두 종류로 구분한다.

또한 생육 적온이 15~25도인 한지형 잔디와, 생육 적온이 비교적 높아 25~35도인 난지형 잔디로 구분하기도 한다.

난지형 잔디 난지형 잔디는 일반적으로 뿌리가 튼튼하고 짧게 자라는 것이 특징으로, 낮은 깎기에 강하다. 건조 또는 밟기나 깎기에 잘 견디지만 저온에는 약한 편이므로, 늦가을이 되면 잎 색깔이 변하면서 휴면에 들어간다. 난지형 잔디는 종자에 의한 번식보다 뗏장을 옮겨심는 영양 번식을 주로 한다. 대표적인 종류로는 재래종인 한국잔디류와 외래종인 우산잔디(버뮤다그래스)류가 있다.

잔디
잔디는 정원의 경관을 좋게 할 뿐 아니라, 지면의 갑작스러운 온도 변화를 막아 여름에는 서늘하게 하고 겨울에는 땅의 냉기를 감해준다.

우리나라 가정에 조성되는 잔디는 거의 대부분 한국잔디다. 버뮤다그래스류는 생육이 빠르고 잔디밭 조성도 단시간 내에 이루어지지만 한국잔디에 비해 내한성이 떨어진다. 그래서 많이 이용되지 않고 경기장 등에서 그 활용이 고려되고 있다. 한국잔디는 우리나라를 비롯한 일본과 중국이 원산지인 조이시아(*Zoysia*)속이다. 한국들잔디(*Zoysia japonica*)가 가장 많이 활용되고, 그 변종인 금잔디(고려잔디, *Zoysia matrella*)와 비로드잔디(*Zoysia tenuifolia*)는 그 결이 아름다우나 내한성이 약해 중부 이남에서만 재배가 가능하다.

한지형 잔디 한지형 잔디는 내한성이 강해 12월에도 녹색을 유지하고 이른 봄부터 생육이 재개되어 녹색 공간 조성에 뛰어나다. 반면에 생육 최적 온도가 15~25도이기 때문에 고온다습한 한국의 여름철에는 다습으로 인한 발병의 가능성이 크고, 건조기에는 건조와 고온 스트레스를 받고 생육이 정지되기도 한다. 페스큐(fescue)·라이그래스(ryegrass)·블루그래스(bluegrass)·벤트그래스(bentgrass) 등의 한지형 잔디는 원래 사료 작물이었으나 지속적인 품종개량을 통해 지피용 잔디로 활용되고 있다. 한지형 잔디가 많은 외래 종은 종류별 특성이 다양해 여러 환경에서 쉽게 적응한다. 또한 이들은 대부분 종자 번식이 가능하므로 떼를 사지 않고 가정에서 직접 잔디 조성이 가능하다. 한국잔디는 우리나라 환경에서 별로 손대지 않아도 잘 적응한다는 장점이 있으나, 햇볕을 아주 좋아하여 그늘이 지는 곳에는 어김없이 잡초의 세력이 우세해진다는 단점도 있다. 음지에 적응하는 잔디 씨는 종로 5가 종묘상에서 구할 수 있으므로, 그늘 진 부분에는 내음성 잔디 종자, 예컨대 세인트오거스틴그래스를 직접 뿌려 조성하도록 한다.

잔디에 적당한 토양

잔디를 아름답게 가꾸려면 잔디 종류를 잘 선택함은 물론이고, 잔디가 자랄 만한 적당한 토양도 마련되어야 한다. 대부분 새롭게 건축되는 주택 주변에는 새로 잔디를 조성할 때가 많다. 이러한 경우는 건축에 이용되었던 벽돌, 널빤지, 돌, 각목, 비닐 및 플라스틱 등의 자재를 모두 제거해야 한다. 건축 자재들이 제거되지 않고 토양에 그대로 묻히면, 잔디 뿌리의 생장에 지장을 줄뿐더러 잔디밭을 다시 교정하고자 할 때도 어려움을 겪는다.

 잔디밭을 만들기 전에 배수의 문제를 확실히 해야 한다. 잔디 표면에 물이 고이거나 배수가 불량해 표면에 있던 물이 밑으로 내려가 뿌리 부분에서 장시간 머물게 되면, 뿌리 호흡의 장애로 잔디 생육이 불량해진다. 또한 혐기성 조건에서 잘 자라는 병원균 때문에

뿌리가 썩을 수도 있다. 가정 정원에서는 특별한 배수 시설을 하지 않기 때문에 물이 잘 빠지도록 토양의 표면을 약간 경사지게 유지하고, 필요할 때는 배수로를 만들어 물이 고이는 것을 방지한다. 새로이 잔디밭을 조성할 경우, 특히 건축이 끝난 다음에 잔디를 심을 때는 표토가 제거된 땅에 심게 되므로 유기물이나 유기질 비료, 퇴비 등을 충분히 넣어 보수력 좋고 배수가 잘 되는 토양으로 만들어준다. 이때 첨가하는 유기질 비료나 퇴비 등은 반드시 완전 발효된 것을 사용해야 한다. 미숙 퇴비를 넣으면 퇴비가 계속 후숙되면서 유독 가스와 열을 내기 때문에 잔디가 피해를 입는다.

잔디 심기

잔디밭을 조성하는 방법은 준비된 땅에 종자를 직접 뿌리거나 이미 준비된 뗏장을 가져다 심는 것이다. 한국잔디는 발아가 쉽지 않기 때문에 화학 처리를 거친 종자를 구입해 파종해야 하지만, 소규모의 잔디밭을 조성할 때는 뗏장을 심는 것이 훨씬 쉽고 편리하다. 시판되는 뗏장을 구입해 준비된 밭에 바로 심거나 쪼개서 줄로 심으면, 대부분 다음해 봄까지 잔디밭 조성이 완성된다.

반면에 서양잔디는 종자를 파종해 손쉽게 잔디밭을 일굴 수 있다. 파종 시기는 9월 초가 가장 적당하지만, 이른 봄도 괜찮다. 준비된 밭에 종자를 추천 양만큼 흩뿌리고 흙을 덮은 다음 물을 준다. 이때 복토가 두꺼우면 발아율이 낮아지고, 너무 얇게 덮어주면 물을 먹었던 종자가 말라버릴 수 있으므로 주의해야 한다. 한 방법으로 파종한 후에 얇게 복토하고 발아가 시작될 때까지 투명 비닐이나 신문지를 덮어주어 건조를 막을 수 있다. 이때 주의할 점은 발아가 시작되면 비닐이나 신문지를 바로 걷어내야 한다는 것이다.

잔디밭 가꾸기

잔디밭 가꾸기를 일이라 생각하지 않고 잡초 뽑기나 잔디 깎기를 일상적인 습관으로 길들이면 잔디를 즐길 수 있다. 사실 잔디 깎기는 힘든 작업이지만, 잔디를 깎은 후의 고른 잔디 면과 풍기는 풀 냄새는 흐뭇함을 느끼게 한다. 깎은 지 며칠 지나지 않아 다시 촘촘하게 자라 올라오는 잔디는 신선함과 함께 잡초를 뽑고 싶은 마음을 불러일으킨다. 잔디밭 조성에서 가장 치명적인 요소는 건조함이다. 완전히 뿌리가 내리지 않은 상태에서 건조하면 잔디가 말라 죽게 되므로, 잔디를 조성한 첫 해에는 물 주기를 게을리 하지 말아야 한다.

잔디 깎기 아름다운 잔디를 위해서는 잔디 깎기가 필수적이다. 잔디를 깎아주면 잎의 발생 부위를 낮춰 세력이 좋은 새로운 잎이 고르고 빽빽이 자라, 잔디밭 전체가 보기 좋아진다. 게다가 잔

잔디 깎기
보기 좋은 잔디밭을 유지하려면 주기적으로 잔디를 깎아 주어야 한다. 작은 면적의 잔디는 손가위를 사용하기도 하지만, 어느 정도의 규모가 되면 기계를 사용한다.

디의 세력이 왕성해져 잡초나 병충해의 침입을 차단하고, 잔디의 꽃대가 올라오는(추대) 것을 막으며, 잡초의 결실을 방지하는 효과도 있다. 한국잔디는 생육이 왕성한 5월부터 8월 사이에 잔디 깎기가 필요한데, 촘촘하고 질 좋은 잔디 면을 얻으려면 2주에 한 번 정도 깎아 5~10센티미터 높이를 유지해야 한다. 잔디 깎기에는 비가 오거나 흐리지 않은 청명한 날이 좋다. 또한 비가 내렸거나 아침에 잔디가 물기를 머금고 있을 때는 완전히 마른 후에 깎아야 표면이 고르고, 깎은 잔디가 기계에 달라붙지 않아 작업이 수월하다. 잔디 깎기 기계의 날이 무디면 자르는 면이 고르지 못하고 잔디가 상처를 받아 약해진다.

비료 주기 일반적으로 잔디는 따로 비료를 주지 않아도 잘 자란다. 그러나 잔디를 조성한 토양이 원래 척박하거나, 특별히 왕성한 잔디밭을 원한다면 비료를 주는 것이 좋다. 그러나 비료를 많이 주면 지상부 생육이 촉진되고 뿌리는 상대적으로 약해져 잔디를 깎을 때 뽑힐 우려가 있고, 옆으로 퍼지는 경향과 더불어 잔디의 밀도도 줄어들게 된다. 또한 갑작스러운 생육으로 잔디가 약해져 병해 발생 확률이 높아지기도 한다. 그러므로 비료를 줄 때는 적은 양을 물에 타서 여러 번에 걸쳐 나눠서 주는 것이 바람직하다.

한국잔디의 시비량은 질소질 기준으로 제곱미터당 5~10그램를 연 2회, 봄과 가을에 뿌려준다. 최근에 잔디 전용 비료(질소:인산:칼리=9:9:9)가 개발되었으나, 아직은 원예용 복합 비료(18:18:18)가 많이 사용되고 있다.

잔디 갱신 잔디밭을 사용하다 보면 처음에 조성했던 잔디가 군데

원예 복합 비료의 시비량

질소 5그램을 시비하고자 할 경우
- 1제곱미터에 필요한 양 :
  5×100/18 = 28그램
- 1평(3.3제곱미터)에 필요한 양 :
  2.8×3.3 = 92그램
- 이때 두 번에 나누어 각각 14그램과 46그램씩 시비한다.

군데 죽거나 표면이 고르지 못한 곳이 생겨 손질이 필요해진다. 오래된 잔디밭을 손질하기에 적당한 시기는 가을이다. 잔디밭을 갈퀴로 깨끗이 긁어내고, 잡초를 모두 제거하며, 겨울 잡초의 발아를 억제할 수 있도록 제초제도 뿌린다. 잔디가 나빠지는 이유 중에 하나는 잔디 깎기 등에서 생기는 북데기(thatch)인데, 북데기가 많으면 통기성이 불량해지고 병충해의 온상으로 변한다. 그러므로 북데기는 자주 제거해야 하고, 특히 가을에는 전반적인 제거 작업이 반드시 필요하다.

잔디 북데기
잔디를 깎은 후에는 깎은 풀을 바로 청소해야 한다. 북데기가 많이 쌓이면 통기가 불량해지고 병충해의 온상이 될 수 있다.

잔디밭 청소가 끝나면 밭 전체를 쇠스랑(folk) 등으로 쿡쿡 찔러 뿌리가 뒤엉켜 단단해진 잔디 전체의 땅을 성글게 함으로써 뿌리의 호흡을 원활하게 만들고, 뿌리 끊음으로 뿌리의 노화를 방지한다. 잔디가 죽거나 약해진 부분과 성긴 부분에는 종자 덧뿌리기를 하는데, 그늘진 곳의 한국잔디밭에 서양잔디 씨를 덧뿌릴 수도 있다. 겨울이 되기 전에는 관행적으로 잔디 위에 흙을 덧뿌리는 작업을 한다. 이렇게 뗏밥을 뿌려주면 잔디의 뿌리 발달을 촉진하고 잔디의 표면을 고르게 할 뿐더러, 겨울철의 잔디 보호에도 효과적이다. 특히 표면이 고르지 못하고 팬 곳이 있으면 잔디의 지상부가 제대로 자라지 못하므로 원예용 상토에 모래를 섞어 메워준다. 팬 깊이가 심하면 한 번에 다 메우지 말고 다음해까지 1~2회 더 추가해 복토한다.

잡초 제거 잔디가 조성된 후에는 늘 잡초 문제가 대두된다. 잔디밭에서 많이 발견되는 잡초로는 바랭이, 망초, 강아지풀, 민들레, 쇠비름, 괭이밥, 토끼풀(클로버), 포아풀 등이 있다. 바랭이와 망초와 강아지풀 등은 화본과 잡초이며, 민들레와 쇠비름 등은 광엽(넓은 잎) 잡초에 속한다. 또한 생장 주기에 따라 1년생, 2년생, 다년생으로 구분하기도 한다. 1·2년생 잡초는 겨울이 지나 봄이면 종자로서 다시 발아하는 데 비해 다년생은 종자 번식력이 약하지만 잔존하는 지하부에서 다시 재생이 가능하므로 끊임없이 문제를 일으킨다.

잔디 조성이 잘되는 경우에는 잔디의 세력이 왕성해 잡초가 많지 않다. 그러나 잔디 자체가 약해지면 잡초가 우세해지므로, 튼튼한 잔디의 유지가 잡초 방지의 첫 단계다. 잡초가 나기 시작할 때 1년생 잡초를 원년에 제거하지 못하면 이듬해 봄부터 잡초 문제로 골머리를 앓고, 그 또한 초기에 제초 작업이 제대로 이뤄지지 못하면 악순환이 계속된다. 잡초는 눈에 띄는 즉시 뽑아서 종자 맺힘을 원천 봉쇄해야 한다. 1년생 잡초의 경우는 발아 후의 제초 작업이 수월하지 않기 때문에 처음부터 발아 자체를 억제하는 것이 가장 효과적이다. 제초제는 잡초 종자가 발아하기 이전에 발아 억제제를 사용하거나, 종자가 맺히기 전인 초기에 사용해야 한다. 광엽 제초제로는 캐치풀, 새그린, 톤-앞, 파란들 등의 상품이 시판되고 있다. 단자엽(외떡잎) 잡초인 바랭이와 강아지풀 등은 잔디와 같은 화본과 식물이므로 선택적으로 죽이기가 쉽지 않다. 주로 수작업으로 일일이 뽑거나 시판 중인 론파 등의 제초제를 사용한다. 파란들은 광엽과 함께 단자엽 잡초에 대한 제초 효과도 있다.

　제초제는 맑고 바람이 없는 날을 골라 살포하도록 한다. 만약 제초제를 뿌린 후에 바로 비가 오면 약 성분이 소실되기 때문에 다시 뿌려야 한다. 뿌리가 강한 다년생 잡초는 맨손으로 뽑으면 끝까지 뽑히지 않고 잎만 뽑히기 때문에 제초용 포크나 쓰다 버리는 과도 등을 이용해 뿌리째 뽑아야 한다. 포아풀 등의 겨울철 잡초는 잔디가 휴면 중인 겨울철에 근사미와 같은 제초제를 사용해 선택적으로 제거할 수 있다.

Chapter 3

Chapter 3

정원을 풍요롭게 가꾸기 위해 꼭 알아야 할 것들

우리는 식물에 대해 얼마나 알고 있을까?

자신이 꿈꾸는 풍요로운 정원을 가꾸기 위해서는 식물, 식물이 자라는 환경, 재배 기술에 대한 이해와 학습이 선행되어야 한다. 물론 풍부한 경험과 학습을 통해 전문가 수준의 지식을 가지고 있는 사람도 많겠지만, 대부분의 독자를 위해 조금 더 깊이 살펴보도록 하겠다.

식물에 대하여 배웁시다

다양한 식물의 종류

지구상에 존재하는 식물은 참으로 다양하므로 여러 가지 기준에 의해 체계적으로 분류되어 연구 및 이용되고 있다. 분류의 기준은 식물의 특징, 식물의 용도, 생태적 특성, 이용 부위, 재배적 특성 등이 될 수 있다. 그 중에서도 가장 기본이 되는 것은 식물의 유연 관계에 기초하는 식물학적 분류로서, 자연 분류라고도 한다. 예를 들어 딸기와 장미, 그리고 배는 외관상으로 별로 닮은 점이 없어 보이지만, 놀랍게도 그들은 모두 장미과에 속하는 친척 관계의 식물이다.

생물을 분류하는 분류 계급을 보면 계(界, kingdom)·문(門, phylum)·강(綱, class)·목(目, order)·과(科, family)·속(屬, genus)·종(種, species)의 순서로 되어 있으며, 분류의 가장 기본이 되는 계급은 종이다. 종이란 일반적으로 동일한 형질을 가지는 무리를 통틀어 이르는 명칭이다. 유전학적으로도 분류의 기본이 되는 종은 자연 상태에서는 서로 교잡이 일어나지 않는 무리로서, 인위적인 처리가 없으면 후대를 남길 수 없는 분류의 기본 계급이다. 현재 지구상의 식물계를 구성하는 식물은 35만 종 이상인 것으로 알려져 있다. 지상식물로 가장 번창한 식물은 꽃이 피는 종자식물(현화식물)이며, 이들은 겉씨식물(나자식물)과 속씨식물(피자식물)로 구분한다. 그 중에서도 속씨식물이 지구상에 가장 많이 분포되어 있으며, 속씨식물은 다시 외떡잎식물(단자엽식물)과 쌍떡잎식물(쌍자엽식물)로 구분된다. 예를 들어 다음 표에서 보는 바와 같이 백합·고추·해당화는 피자식물강에 속하는 반면, 소철은 나자식물강에 속한다. 또 백합은 피자식물강에서 단자엽식물아강에 속하고, 고추와 장미는 쌍자엽식물아강에 속한다. 백합은 백합과, 고추는 가지과, 해당화는 장미과, 소철은 소철과에 속한다.

원예 식물의 식물학적 분류의 예

분류 단위 \ 식물	백합	고추	해당화	소철
문	종자식물문	종자식물문	종자식물문	종자식물문
강	피자식물강	피자식물강	피자식물강	나자식물강
목	백합목	통화식물목	장미목	소철목
과	백합과	가지과	장미과	소철과
속	Lilium	Capsicum	Rosa	Cycas
종	longiflorum	annum	rugosa	revoluta

위의 분류 중 원예에서 의미가 있는 분류 계급은 과, 속, 종이다. 같은 과에 속하는 식물은 유전적으로 비슷한 점이 많으므로, 원예학적으로도 유사한 재배적 특성을 보인다. 예를 들어 화본과 식물(밀, 보리, 귀리 등), 콩과 식물(클로버, 완두, 등나무, 아카시아 등), 박과 식물(박, 호박, 멜론, 참외 등), 산형화과 식물(당근, 셀러리 등), 장미과 식물(장미, 사과, 배 등)은 형태적인 것은 물론이려니와 재배적 특성도 유사하다. 그러므로 과명(科名)을 알아두는 것은 원예를 시작하는 사람에게 있어 중요한 첫걸음이 된다.••

•• 이창복, 《원색 대한식물도감》, 향문사, 2003

Levetin, E. & McMahon, K., *Plants and Society*, McGraw-Hill, 2002

사실 꽃을 기르고 정원을 가꾸는 데 그렇게 많은 분류학적 상식은 무의미하다. 그보다는 원예에서 사용하는 몇 가지 분류를 익힐 필요가 있다. 원예에서는 기르는 목적에 따라 화훼, 채소, 과수로 식물을 분류한다. 이러한 구분은 식물학적 특성에 의한 것이 아니라 사용 목적에 따른 분류이므로 혼돈될 때가 있다. 즉 어떤 식물은 관상용이지만 식용으로도 쓰이기 때문에 화훼류와 채소류 중 어디에 속하는지 헷갈린다. 또 열매를 먹는데 요리에도 사용되면 과수에 속하는지 채소에 속하는지 혼란스럽다. 그 대표적인 것으로 토마토를 들 수 있는데, 토마토를 과일이 아닌 채소로 분류하는 데 미국 고등법원까지 동원되었다.

그 이야기는 19세기 말로 거슬러 올라간다. 미국 동부 뉴저지 주의 한 수입업자인 존 닉스(John Nix)는 서인도에서 토마토를 수입하면서 관세 납부를 거부했다. 1883년에 제정된 관세법에 의하면, 모든 수입 채소는 10%의 관세를 물어야 했다. 그러나 토마토는 과일이기 때문에 관세를 물 수 없다는 닉스의 주장에 따라 시비는 법정으로 옮겨졌고, 최종 판결은 1893년 대법원에서 났다. 판사는 토마토가 식물학적으로 과실이기는 하지만 여러 가지 채소들처럼 채마밭에서 재배되고, 감자·당근·양배추와 같은 방법으로 요리에 쓰일 뿐 아니라, 다른 과일들이 식후에 후식으로 올려지는 데 반해 토마토는 식사의 일부분으로 올려진다는 이유를 들어 채소로 판시했다.

과수 원예의 대상이 되는 식물인 과수는 주로 여러해살이 나무인 목본류(木本類)이며, 화훼 원예나 채소 원예의 대상이 되는 식물은 주로 한두해살이풀이나 여러해살이풀의 초본류(草本類)이다. 목본류는 줄기 속 관다발, 즉 목질부(木質部)가 발달해 굵기가 매해 늘어나면서 여러 해를 사는 식물을 말하며, 초본류란 목본류와 달리 줄기의 관다발 조직이 발달하지 않아 가을에 접어들면 차차 노쇠해 지상부가 말라죽는 식물을 말한다.

꽃을 재배하는 것이 주목적인 화훼 원예는 꽃(花)과 풀(卉), 즉 다양한 색의 꽃과 잎이나 줄기처럼 푸른 부분이 관상 대상이 된다. 화훼류는 주로 초본류가 많지만 개나리·무궁화·목련과 같은 목본류, 즉 화목류(花木類)도 있다. 화훼 식물의 초본류는 한해살이풀, 두해살이풀, 여러해살이풀로 다시 구분한다. 한해살이풀(일년초)은 한 해에 종자에서 싹이 나서 꽃이 피고 다시 씨를 맺는 식물들을 말하고, 두해살이풀(이년초)은 첫 해에 싹이 나서 자라지만 꽃을 피우지 못하고 이듬해에 꽃이 피는 식물이다. 대표적인 두해살이풀로는 제주도와 안면도를 노랗게 물들이는 유채꽃을 들 수 있다. 또 국화나 옥잠화 같은 식물은 땅 위로 나온 부분이 겨울에 얼어죽지만 땅속의 눈에서 다음해 새로운 싹이 자라 꽃 피우기를 계속하는 여러해살이풀(다년생초)로, 숙근초(宿根草)라 한다.

숙근초

난의 명칭
난을 비롯한 모든 식물은 속명과 종명을 갖는다. 'Paph.'는 속명(*Paphiopedilum*)의 약자이고 '*barbatum*'은 종명이다.

숙근초 중에 뿌리와 줄기 등이 지하에서 영양분을 저장함으로써 둥근 형태의 저장 기관을 가지는 식물을 따로 구분해 알뿌리식물(球根類)이라고 한다. 이러한 구근류에는 봄에 심어 여름 동안에 꽃이 피고 가을에 수확해 저장해두는 춘식구근과, 가을에 심어 봄에 꽃이 피고 여름에 수확해 저장해두는 추식구근이 있다. 또한 빛·온도·수분 등의 생육 환경에 대한 적응도에 따라 식물을 분류하기도 하는데, 이 분류는 식물 재배에 아주 중요한 정보를 제공한다.

식물의 이름에 숨겨진 중요한 정보들

아무리 뛰어난 식물학자나 원예가라 할지라도 35만 종이 넘는 식물의 이름을 다 안다는 것은 불가능하다. 일반적으로 부르는 우리말 이름과 같이 그 지방에서 널리 들리는 이름을 일반명 또는 지방명이라 한다. 그래서 같은 식물을 두고도 나라와 지방에 따라 서로 다르게 부르는 경우가 많고, 전혀 체계적이지 않은 이름으로 부를 때도 많다. 그래서 체계적으로 식물을 분류하고 누구나 공통적으로 사용할 수 있는 이름이 필요해졌다. 이러한 필요를 해결해준 사람이 바로 스웨덴의 식물학자인 린네(Carl von Linné, 1707~1778)인데, 그는 식물을 분류하고 이름을 붙이는 체계를 세웠다.

린네는 이명법(二名法)을 주창했고, 현재 국제식물명명규약은 그의 이명법을 이용한다. 이명법은 사람이 성과 이름을 가지듯 식물을 속명과 종명으로 부르는 방법으로, 현재 국제적으로 통용되고 있는 학명(學名) 표시법이다. 속명은 대문자로 시작하고 종명은 소문자로 쓰는데, 이탤릭체로 하거나 밑줄을 그어 학명임을 나타내고 끝에는 명명자의 이름을 약자로 표시한다. 예컨대 해당화는 '*Rosa rugosa* Thunb.', 진달래는 '*Rhododendron mucronulatum* Turcz.'라 쓴다. 그러나 대부분은 명명자의 이름을 빼고 '*Rosa rugosa*'와 '*Rhododendron mucronulatum*' 또는 밑줄을 그어 'Rosa rugosa'와 'Rhododendron mucronulatum'으로 간단히 표시한다.

학명에 쓰이는 용어는 라틴어 어원으로, 속명은 대부분 명사이고 종명은 형용사이다. 그렇게 학명은 마치 한자를 보고 그 특성을 짐작하듯이 각각의 의미를 나타내는 것이다. 즉 해당화의 속명 '*Rosa*

는 그리스어의 'rhodon(장미)'과 켈트어의 'rhodd(붉은, 적)'에서 유래 되었고, 종명인 *rugosa*는 '주름이 있는'이란 뜻이며, 끝의 'Thunb.'는 장미를 분류한 스웨덴 학자 툰베리(Carl Peter Thunberg, 1743~1828)의 약자다. 진달래의 속명 *Rhododendron*은 장미를 뜻하는 그리스어 'rhodon'과 수목을 뜻하는 'dendron'의 합성어로, 적색꽃이 피는 나무라는 뜻이다. 종명인 *mucronulatum*은 '끝이 다소 뾰족 나온 형'이란 뜻이며, 'Turcz.'는 러시아 학자 니콜라이 스테파노비치 투르크자니노프(Nicolai Stephanovich Turczaninov,1796~1864)의 약자다.

속명 중에는 초기 생물학자나 발견자의 이름을 나타내는 경우도 있다. 예를 들어 달리아(*Dahlia*)는 린네의 수제자였던 스웨덴의 식물학자 안드레아 달(Andrea Dahl, 1751~1789)을 기념하는 이름이다. 동백(*Camellia*)은 17세기에 마닐라에 살면서 동과(冬瓜) 식물을 수집했던 체코슬로바키아 선교사 케멜(G. J. Kamell)에서 유래했다. 한편 사람 이름이 일반명으로 불리는 경우도 있다. 포인세티아는 대극과식물로 식물체에 상처가 나면 하얀 수액이 나오는 성질에 따라 *Euphorbia pulcherrima*라는 학명을 갖게 되었다. 하지만 일반명인 포인세티아(poinsettia)로 1825년에 멕시코 대사로 있던 포인세트(Poinsette)가 멕시코 원산의 이 식물을 미국으로 들여온 것을 기리기 위해 주어진 이름이다.

학명에서 두 번째로 표기되는 종명은 식물에 대한 중요한 정보를 포함하는 경우가 많다. 예컨대 색깔, 크기 및 형태, 때로는 자생지를 나타내기도 한다.

외국에서 도입된 식물, 예를 들어 허브와 같은 식물은 대부분 영어 일반명과 함께 학명이 표시된다. 따라서 학명을 알아두는 것은 식물을 이해하는 데 큰 도움이 된다. 그러나 꽃 시장에서는 가끔 종묘 회사에

종명에 포함된 내용

자생지를 표현하는 명칭
alpestris(-e) : 낮은 산의, 초본대(草本帶)의
alpinus(-a, -um) : 고산생의
aquaticus(-a, -um) : 수생의
campestris(-e) : 야생의, 들이나 늪지에서 자라는
martimus(-a, -um) : 바다의, 해안의
saxatilis(-e) : 바위 겉에서 자라는
umbrosus(-a, -um) : 음지에서 자라는

크기 및 생육 양상을 나타내는 명칭
columnaris(-e) : 원주형의
ellippticus : 타원형의
fastiglatus(-a, -um) : 직립형의
globularis(-e) : 구형의
grandis(-e) : 큰 (grandiflorus : 큰 꽃의, grandifolius : 큰 잎의)
nanus(-a, -um) : 키가 작은
pyramidalis(-e) : 피라미드형의
repens : 기는 성질(포복형)의

개화기 등의 계절을 나타내는 명칭
aestivalis(-e) : 여름의
autumnalis(-e) : 가을의
hyemalis(-e) : 겨울의
vernalis(-e) : 봄의

꽃 및 잎의 색을 나타내는 명칭
albus(-a, -um) : 백색의
argenteus(-a, -um) : 은백색의
aureus(-a, -um) : 황금색의
azureus(-a, -um) : 하늘색의
erythro~ : 적색의

purpureus(-a, -um) : 자색의
ruber(rubra, rubrum) : 적색의
sempervirens : 상록의
variegates(-a, -um) : 반문이 있는, 무늬가 있는

향기를 나타내는 명칭
aromaticus(-a, -um) : 방향성의
foetidus(-a, -um) : 악취가 있는
fragrans : 방향이 있는
inodorus(-a, -um) : 향이 없는
odoratus(-a, -um) : 향이 있는
pungens : 찌르는 듯한

지명 특히 원산지를 나타내는 명칭
amazonicus : 아마존(우림)의
japonicus : 일본의
koreano-alpinus : 한국 높은 산의
sinensis, sinicus : 중국의
virginianus : 버지니아의

서 육종하고 붙인 품종명(상품명)을 사용하기 때문에 전문가들까지 어리둥절하게 만들 때가 있다. 학명은 외국어로 표현되므로 익숙하지 않고 더욱이 라틴어원이라 이해하기가 쉽지 않지만, 뜻을 이해하도록 노력하는 자세를 가져보자. 학명을 알게 되면 인터넷을 통해 식물에 대한 더 많은 정보를 얻을 수 있고, 필요한 종자를 세계 어느 곳에서나 주문할 수도 있다.

식물에게 꼭 필요한 네 가지 요소

식물의 생육에 영향을 미치는 환경 요인은 무엇일까? 식물의 생육은 빛, 온도, 수분, 그리고 토양의 영향을 크게 받는다.

햇빛

정원을 가꿀 때 물은 열심히 주면서도 빛에 대해 신경 쓰기는 쉽지 않다. 식물이 살아갈 수 있는 것은 광합성을 통해 영양분을 스스로 만들기 때문이다. 햇빛이 잘 들면 영양분을 많이 만들고 잘 자란다. 그러나 모든 식물이 햇빛을 좋아하는 것은 아니다. 산에 가보면 빽빽이 들어찬 큰 나무들 밑에서도 작은 나무와 풀이 잘 자라는 모습을 발견할 수 있다. 식물마다 햇빛을 좋아하는 정도가 서로 다른데, 이러한 식물의 성질을 잘 모르는 경우가 많다.

그래서 하루 종일 그늘이 많이 드리우는 정원에 햇빛이 많이 비춰야 제대로 자라고 꽃의 색깔도 좋아지는 양지식물을 심어놓고 잘 자라지 않는다고 불평을 한다. 반면에 꽃베고니아나 아프리카봉선화는 햇빛이 잘 드는 곳보다 약간씩 그늘이 드리우는 곳에서 훨씬 더 싱싱하고 밝은 색의 꽃을 피우는데, 땡볕에서 몸살을 앓고 있는 모습도 간혹 보인다.

식물은 광 요구도에 따라 양지식물(또는 양생식물), 음지식물(또는

양생식물
멜로와 채송화는 빛을 많이 요구하는 양생식물이다.

음생식물), 중생식물(또는 반음지식물)의 3군으로 구분한다. 이러한 분류는 정원에 적합한 식물을 선택하는 데 중요한 자료가 된다. 그들의 특징과 종류를 보면 다음 표와 같다.

광 요구도에 따른 식물 나누기

분류	특징	종류
양생식물	- 잎이 비교적 두껍고 작은 편이다 - 꽃이 많이 핀다 - 빛이 부족한 곳에 심으면 가늘고 약하게 자란다	장미, 무궁화, 접시꽃, 채송화, 깨꽃(샐비어), 매리골드, 알리슘, 콜레우스, 제라늄, 토마토, 오이, 고추, 멜로, 옥수수
중생식물	-반음지 또는 반양지에서 잘 자란다 -양지식물과 음생식물의 중간 식물이다	진달래, 철쭉, 개나리, 꽃베고니아, 아프리카봉선화
음생식물	-잎이 비교적 넓고 크며 그루당 잎 수가 적다 -빛이 강하면 잎이 작아지고 심한 경우에는 잎이 탄다	대부분의 실내 관엽식물, 베고니아, 고사리류, 난류, 아스파라거스, 산세비에리아, 옥잠화, 맥문동

식물의 꽃이 피는 데 중요한 요인은 밤낮의 길이, 즉 광주기(光週期)다. 하루 24시간 중 밤과 낮이 교차하는 시간을 광주기라고 한다.

단일식물
국화, 포인세티아는 낮의 길이가 짧아져야 개화하는 단일식물이다.

식물 중에는 낮이 일정 시간, 즉 임계일장(臨界日長)보다 점점 길어져야 꽃이 피는 장일성식물이 있는 반면, 일부는 낮의 길이가 일정 시간보다 짧아져야 개화하는 단일성식물이 있다. 주의할 점은 단일과 장일을 가르는 기준이 12시간이 아니라는 것이다. 일부 책에는 12시간을 기준으로 나와 있지만, 잘못된 정의다. 예를 들어 단일식물인 포인세티아와 도꼬마리의 임계일장은 각각 11시간과 15.6시간으로, 낮의 시간이 이들 임계일장보다 짧은 때에 꽃이 피게 된다. 많은 식물은 일장에 관계없이 적당한 온도에서 일정한 크기로 자라면 꽃눈이 생겨 꽃이 피는 중성식물에 속한다.

자연 상태에서는 일반적으로 봄에 파종해 여름에 피는 꽃들은 주로 장일성식물인데, 이들은 일장이 점점 길어지는 환경 속에서 자라기 때문에 꽃이 쉽게 핀다. 특히 채소 중에는 여름에 꽃이 피어 상품 가치를 떨어뜨리는 것이 있지만, 늦여름에 파종해 가을이 되면 일장 조건이 맞지 않아 꽃이 피지 않는다. 반면에 단일식물은 장일 조건인 여름에는 꽃이 피지 않다가 단일 조건인 가을에 꽃이 핀다. 단일식물인 게발선인장(*Epiphyllu*)은 단일 조건인 늦가을에 피기 시작해 크리스마스 때 아름다운 꽃이 한창 피기 때문에 서구에서는 크리스마스 선인장(Christmas cactus)이라는 일반명을 가지고 있다.

가끔 가정에서 게발선인장이나 난이 꽃을 못 피우는 이유는 저온과 단일 조건이 충족되지 않았기 때문이다. 특히 아파트는 실내 온도가 높고 밤늦게까지 전등을 밝히고 있는 경우가 많은데, 그 조건에서는 단일식물이 잎만 무성하게 자라고 꽃을 피우지 못한다. 단일식물이 아름다운 꽃을 피우기 위해서는 일정 기간 동안의 서늘한 온도와 긴 밤이 요구된다.

> **잎만 무성한 난(orchid)?**
> 구입할 당시 아름다운 꽃이 다부룩하였던 난·철쭉·게발선인장들이 잎만 무성하고 꽃이 피지 않으면, 늦가을부터 전깃불을 켜지 않는 발코니에 두었다가 아주 추워지면 실내로 들이도록 한다.

일장 요구도에 따른 식물의 분류

분류	식물의 종류
장일식물	철쭉, 백합, 카네이션, 피튜니아, 금어초, 금잔화, 플록스, 무, 배추
중성식물	팬지, 장미, 튤립, 달리아, 베고니아, 가지, 토마토, 셀러리
단일식물	국화, 게발선인장, 가르데니아, 코스모스, 시네라리아, 고추, 셀비어

온도

식물은 너무 낮거나 높은 온도에서는 생육이 정지되지만, 일반적으로 7~30도 사이에서는 온도가 높아질수록 생육이 왕성해진다. 식물이 생육하는 데는 적당한 온도가 필요하고, 그 요구도는 식물의 종류에 따라 다르다. 비교적 높은 온도에서 생육이 왕성한 식물이 있는 반면, 어떤 식물은 비교적 낮은 온도를 좋아한다.

온도 적응성에 따른 식물의 분류

구분	식물의 종류
저온성식물	당근, 무, 브로콜리, 상추, 수국, 시금치, 시클라멘, 양배추, 양파, 제라늄, 철쭉, 파
고온성식물	아프리카제비꽃, 용설란, 베고니아, 선인장, 콜레우스, 야자, 파인애플, 피튜니아, 옥수수, 오이, 토마토, 고구마

저온성식물은 저온 조건의 이른 봄이나 가을, 보온 시설을 갖춘 겨울철은 잘 견디지만 한여름 더위에 약하다. 3월이 되면서 봄소식이 전해지면 서둘러 정원을 가꾸고 싶겠지만 설레는 마음을 진정하고 조심할 점이 있다. 봄에는 늦서리의 피해를 염두에 두어야 한다. 봄에 빨리 정원을 시작하고 싶은 마음에 꽃이나 채소를 일찍 내다 심으면 서리 피해를 받기 십상이다. 봄에 일찍 정원을 시작하고 싶다면, 비닐 터널을 만들어주거나 윗부분을 자른 페트병을 식물 위에 씌워서 저온이나 서리의 피해를 방지한다.

수분

식물을 구성하는 성분 중 가장 많은 것이 수분이다. 이처럼 식물 무게의 80~90%를 차지하는 물은 식물을 구성하는 중요한 성분이다. 뿐만 아니라 식물의 양분도 물에 녹은 상태로 흡수하고, 광합성 산물을 비롯해 식물 자체가 생성한 여러 가지 유기 성분 또한 물에 녹은 채 물관과 체관을 통해 필요한 부분으로 이동·분배된다. 동물의 영양분이나 호르몬 등이 혈액을 타고 필요한 부분으로 이동하는 것과 마찬가지다. 또한 식물체 내에서 일어나고 있는 생리적 반응, 즉 화학 반응은 거의 대부분 물이 관계된 반응이다. 더운 여름에 식물이 잘 견딜 수 있는 이유도 토양에서 흡수한 수분이 잎의 증산 작용을 통해 기체로 변해 공기 중으로 내보내질 때 주위의 열을 빼앗아가기 때문이다. 이와 같이 물은 식물체를 유지하는 데 필수적이므로 식물이 정상적인 생육을 하기 위해서는 수분 공급이 중요하다. 토양 수분뿐 아니라 공중 습도도 식물 생육에 지대한 영향을 미친다.

페트병 활용
묘를 일찍 심을 경우에는 페트병을 잘라 덮어주면 방한과 수분 유지에 도움이 된다.

토양 수분을 조절하는 데 있어서는 물을 주는 관수(灌水)와 더불어 정원이 습하지 않도록 물을 빼주는 배수(排水)도 중요하다. 배수가 잘되지 않아 습해지면 식물의 뿌리로 공급되는 산소의 양에 제한을 받고, 혐기성 조건에서는 혐기성 미생물이 자라 뿌리를 썩게 할 수 있다.

그러나 모든 식물의 뿌리가 다습한 상태를 싫어하는 것은 아니다. 식물의 종류는 물에 잠겨서 사는 수생식물, 습지에 잘 적응하는 습생식물, 그리고 배수가 좋은 땅에서 잘 자라는 건생식물이 있다. 수생식물이나 습생식물은 물이 있는 정원에 심어야 하고, 물기가 잘 빠지는 정원에는 부적합하다. 반면 건생식물은 암석 정원이나 모래 정원과 같이

건조한 환경에서 잘 자라며, 습한 곳에서는 썩음병에 걸리기 쉽다.

정원의 땅이 습하거나 건조하지 않도록 관수나 배수에 신경을 쓴다 하더라도 토양 자체의 조건으로 토양의 습도 조절이 용이하지 않은 경우가 있다. 이때는 식물의 수분 적응성을 고려해 땅에 적합한 식물을 골라 심도록 한다.

식물의 수분 요구도
캘리포니아포피와 라벤더 등은 강한 볕과 건조한 토양에서 잘 자라는 반면, 파피루스와 부레옥잠은 물 속에서 살고, 옥잠화와 칼라 등은 습한 곳을 좋아하는 습생식물이다.

수분 적응성에 따른 식물의 분류

분류	식물
건생식물	꽃기린, 선인장류, 용설란, 유카, 채송화, 라벤더
습생식물	골풀류(*Cyperus*), 물망초, 꽃창포, 칼라, 토란과 식물
수생식물	물옥잠화, 연, 수련, 물칸나

토양

토양은 식물체를 지지해줄 뿐 아니라 수분과 양분의 공급처가 되므로, 토양이 좋고 나쁨은 식물의 생사를 좌우할 만큼 중요하다. 토양이라고 하면 보통 흙이라는 고형(固形) 물질만 떠올린다. 하지만 토양은 흙을 비롯한 고체 상태의 물질(무기질 45%, 유기질 5%)과 액체(25%) 및 기체 상태(25%)의 물질로 구성되어 있다. 식물은 이 세 가지 구성 물질들이 적절히 섞여 있는 토양에서 잘 자란다.

토성 토양의 물리적 성질을 결정하는 데 있어 가장 중요한 것은 흙 알갱이의 크기로 결정되는 토성(土性)이다. 토성은 모래와 점토의 함량 비율에 따라 사토(沙土), 사양토(砂壤土), 양토(壤土), 점질양토(粘質壤土), 점토(粘土) 등으로 구분한다. 흙 알갱이가 가장 작아 0.002밀리미터 이하면 점토이고, 그 10배 크기인 0.02밀리미터 이상의 알갱이를 사토라고 한다. 사토라고 분류된 토양은 점토가 12.5% 이하이고, 모래는 87.5% 이상 함유되었다. 식토(埴土)라고도 하는 점토는 점토 50% 이상, 모래 50% 이하가 섞인 흙이다.

  사토는 배수와 통기성이 좋으나, 물과 비료 성분을 오래 가지는 보수성과 보비성이 약하다. 반면 점토는 보수성과 보비성은 강하지만 통기성과 배수성이 좋지 않다. 따라서 식물에 적당한 좋은 땅을 만드는 것이 식물 기르기의 시작이다.

토양 구조 토양을 구성하는 입자들이 배열되는 상태를 토양 구조라고 하는데, 다음 세 종류가 있다.

- 단립(單粒) 구조 : 토양 입자 하나하나가 결합하지 않고 흩어져 있는 상태의 구조를 말한다. 토성이 사토이거나, 식물을 심은 적이 없는 미경작토에서 볼 수 있다.

🌸 입단(粒團) 구조 : 토양 입자들이 서로 결합해 작은 알갱이를 이루는 구조다. 유기질 비료 등이 많은 토양은 입단 구조를 이루어 통기성이 좋고 배수도 잘되는 바람직한 구조를 갖는다.

🌸 이상(泥狀) 구조 : 미세한 토양이 서로 엉켜 있는 형태이며, 논에서 흔히 보인다. 건조하면 논바닥이 갈라질 때처럼 결합된 미세 입자들이 부정형의 흙덩이를 형성하는데, 심한 경우는 시멘트 덩어리같이 딱딱해지는 아주 바람직하지 못한 토양 구조다.

밭을 갈고 유기질 비료를 첨가하는 작업은 바로 입단 구조의 토양을 만들기 위해서다. 이와 같이 밭을 갈고 식물을 심는 표면의 땅을 작토(作土) 또는 경토(耕土)라고 하는데, 그 깊이가 깊을수록 식물 생육에 좋은 땅이다.

토양의 화학적 성질 토양의 화학적 성질은 토양 산도로 나타난다. 토양의 성질 중 수소 농도 수준을 나타내는 토양 산도(pH)는 양분의 용해도와 식물 생육에 영향을 미친다. 식물은 중성인 pH 7이나 약산성인 조건에서 생육이 좋지만, 지나친 산성이나 알칼리성 토양에서는 잘 자라지 못한다. 그러나 산성이나 알칼리성 토양에서 잘 자라는 식물도 있다.

토양 산도 적응에 따른 식물의 분류

토양 산도	적응 식물
약산성(pH 5~6)	철쭉류, 소나무 베고니아, 클레마티스, 꽃치자, 블루베리
약산성~중성(pH 6~7)	국화, 장미, 백합, 금어초, 카네이션, 시클라멘, 튤립, 디튜니아
중성~약알칼리성(pH 7~8)	백일홍, 만수국 나무쑥갓(마거리트), 과꽃, 제라늄, 프리뮬러, 금잔화

> **원예 식물의 생장에 가장 적합한 토양**
> · 토성이 양토이고,
> · 토양 구조는 입단 구조이며,
> · 토양의 산도는 pH 5.8에서 6.5 사이의 약산성에서 중성이고,
> · 잡초 종자나 병충해의 원인 요소를 포함하지 않은 토양이다.

우리나라는 장마철에 비가 집중적으로 내리면서 토양의 무기질 양분이 많이 소실되는 대신에 수소가 토양 입자에 흡착되는 환경의 토양이라 일반적으로 산성이다. 그렇기 때문에 산성 토양에서 잘 자라는 진달래나 철쭉, 그리고 소나무가 무성하다. 반면 비가 1년 내내 고루 내리는 독일 같은 나라는 산림의 무성한 잎이 낙엽으로 쌓여 염류가 축적되면서 토양이 비교적 알칼리성을 띠게 되고, 이러한 환경에 잘 맞는 수목림이 형성된다. 자연적으로 염류 농도가 높아지는 곳도 있지만, 작물이 집중적으로 재배되면서 화학 비료를 지나치게 많이 사용하는 곳에서도 염류가 축적된다. 예를 들어 시설 원예 단지의 땅은 염류 농도가 높아 식물의 잎이 농녹색으로 변하고, 심한 경우 마르면서 타들어가는 피해를 입기도 한다.

초보 정원사를 위한 기초 재배 기술

좋은 흙 만들기

식물이 실내의 화분이나 밭에서 잘 자라기 위해서는 좋은 흙이 필요하다.

좋은 흙의 조건 좋은 흙은 배수, 통기성, 보수력, 양분, 산성도, 병충해 면에서 다음과 같은 특징을 갖춰야 한다.

- 배수 : 뿌리가 썩지 않고 잘 자라기 위해서는 배수가 잘 되어야 한다. 즉 물을 주면 고이지 않고 즉시 스며들고, 토양 입자가 입단형으로 되어 있어 말랐을 때에도 갈라지지 않는 흙이 좋다.
- 통기성 : 토양 입자 사이에 적당한 공간, 즉 틈이 있어서 공기가 자유롭게 들락날락해야 한다.
- 보수력 : 적당한 배수도 중요하지만 토양 입자 사이에 어느 정도의 물이 오래 머물러 있어야 식물이 이용할 수 있다. 퇴비와 부엽토 등 유기질이 많이 들어 있는 토양이 보수력이 좋다. 화분에 사용하는 흙은 부엽토 펄라이트, 피트모스(수태) 등을 섞어서 보수력을 높일 수 있다.
- 양분 : 식물이 자라는 데 필요한 무기염류를 충분히 가지고 있어야 한다. 부엽토와 퇴비 등의 유기질 비료가 섞인 흙은 무기염

류의 공급뿐 아니라 토양의 물리적 성질을 좋게 하기 때문에 바람직하다. 퇴비와 부엽토가 많이 섞인 토양은 보비력 또한 뛰어나다.

🌸 산도 : 일반적으로 식물이 잘 자라는 토양은 중성에서 약산성이지만, 철쭉과 끈끈이주걱 등은 강산성을 좋아하고 측백나무 등은 알칼리성 흙에서 잘 자란다.

🌸 병충해 : 병원균이나 해충 및 잡초의 씨가 아예 없거나 적은 흙이 좋다. 특히 종자를 파종하는 파종상의 흙은 소독해 사용해야 한다.

흙의 상태 알아보기 식물 생육에 가장 좋은 토성은 양토이며, 산도는 5.8에서 6.5 정도면 양호한 조건이다. 그러나 모든 토양이 이러한 조건으로 개선되지는 못한다. 특히 바람직한 토양 조건에서 벗어나 극단으로 치우친 경우에는 토양을 개선시키기보다 토양에 맞는 식물을 찾는 것이 훨씬 현명한 선택이다. 하지만 어느 경우든지 식물을 심고자 하는 흙에 대한 정확한 정보를 얻는 것이 최우선이다.

🌸 토성 : 토성을 알아보는 방법은 아주 간단한다. 밭흙을 한 움큼 집어서 꼭꼭 뭉쳤다가 바닥에 다시 놓았을 때 흙이 즉시 부서지는 땅은 사토이며, 단단하게 뭉쳐진 상태로 있다면 양토에서 점토 사이의 흙이다. 뭉쳐진 흙덩어리를 바닥에 툭 떨어트렸을 때도 흩어지지 않는 것은 점토이고, 부서지는 것은 점토 성분이 그보다 적은 양토나 점질양토일 가능성이 크다. 양토나 점질양토는 모두 일반 식물이 자라기에 적합한 흙이다. 토양이 아주 건조할 때는 양토일지라도 잘 뭉쳐지지 않으므로, 토성을 알아보기

전에 토양 습도가 적당한지 확인하고 조사해야 한다.

❀ 토양 산도 : 토양 산도는 투명한 화장품 샘플병과 pH 시험지만 있으면 쉽게 알 수 있다. 먼저 병에 물을 담고 적당량의 흙을 넣어 잘 흔들어준다. 흙 입자가 가라앉으며 물이 맑아지기 시작하면 시험지를 적신 후, 시험지통에 나와 있는 표준표와 색깔을 비교해가며 토양 산도를 알아낸다. 이때 주의할 점은 정원 한 곳의 산도만 측정하지 말고 몇 곳을 더 선정해 조사한다. 같은 정원에서도 위치에 따라 토양 산도가 다를 수 있기 때문이다.

토양의 개선 밭의 토성과 토양 산도 등을 알게 되면 취약점을 찾을 수 있다. 좋은 밭흙이 하루아침에 만들어지는 것은 아니지만, 배수가 잘되고 보수력과 보비력이 좋은 토양으로 만드는 노력은 계속되어야 한다.

❀ 토성과 토양 구조를 위한 노력 : 가장 바람직한 토양은 점토와 모래가 적당히 섞여 식물이 자라기에 적합한 양토이다. 모래가 많은 사토일 경우에는 점토를 더 넣고, 점토가 많아 배수가 불량할 경우에는 모래를 섞어 토질을 개량한다. 모래를 첨가할 때 가는 모래를 넣게 되면 토양 틈새를 막아 오히려 배수를 불량하게 할 수 있으므로 굵은 모래를 사용한다. 토양의 물리적 성질을 개량할 때 무엇보다 중요한 점은 통기와 수분 공급이 잘 되는 입단형 구조가 되도록 토양 유기물을 많이 첨가해야 한다는 것이다. 또한 석회를 점토에 첨가하면 점토의 작은 입자를 뭉치게 하여 토양 구조가 좋아진다. 토양 유기물은 토양 중의 미생물 활동을 도와 유기물의 분해를 촉진시킴으로써 토양 중에 영양을 공급한다.

또 토양 입자와 분해된 유기물, 특히 섬유질이 많은 입자가 결합해 입단형의 토양 구조를 이루어 공기 유통을 좋게 하며, 보수력과 보비력을 증강시킨다.

결론적으로 공기가 잘 통하고 수분 공급이 잘되는 토양은 적당량의 모래가 섞이고 퇴비 같은 섬유질이 풍부한 유기물을 다량 함유한 토양이다. 이러한 이유로 토양에 퇴비 사용을 권장하고, 정원에서 직접 퇴비 만들어 쓰기를 독려하고 있다. 직접 퇴비를 만들기가 어려울 때는 시중에 나와 있는 원예용 퇴비를 구입해 사용함으로써 토양의 물리적 성질을 바람직하게 개선할 수 있다.

❀ 산도 조정 : 산성 토양을 개량하는 방법은 두 가지가 있다. 첫 번째, 석회와 고토 등의 알칼리성 물질을 첨가해줌으로써 개량시킬 수 있다. 지나치게 많이 주지 않는 한 작물에 별 피해를 주지 않는 석회는 산성 토양 개량제로서 가장 좋다고 알려져 있다. 석회 종류 중에서도 생석회가 가장 중화력이 크다.

산성 토양을 개량하는 또 다른 방법은 유기물을 사용하는 것이다. 유기물에 의한 개량은 토양 산도를 직접 변화시키는 것이 아니라 간접적으로 산성 토양의 문제를 보완해준다. 즉 토양이 산성일 때는 너무 쉽게 용해되어 토양에서 유실되는 요소도 있고 어떤 요소에는 불용성이 되어 식물의 영양에 이상이 오는데, 유기물을 시용하면 유기물 속에 함유된 여러 종류의 무기 요소가 그 부족한 점을 채워준다.

우리나라는 주로 산성 토양이고 알칼리성 토양은 흔치 않은데, 알칼리성 토양을 개량하는 데에는 황산석회를 많이 사용한다. 또한 유안이라고 불리는 황산암모늄($(NH_4)_2SO_4$)도 자주 쓰는데, 유안의 황산기가 토양에 잔류하여 토양을 산성화시킨다.

석회종류에 따른 중화력
- 탄산석회 : 100
- 백운석가루 : 101
- 소석회 : 131
- 수산화마그네슘 : 151
- 생석회 : 179

🌸 **토양 비옥도** : 농작물을 경작하는 토양은 대부분 비료기가 있지만, 좋은 결과를 얻기 위해서는 무기질 또는 유기질 비료를 추가로 사용하는 것이 바람직하다. 무기질 비료로는 3대 비료 성분이라 일컫는 질소(N)·인산(P)·칼륨(K) 성분이 각각 단독으로 된 질소질 비료·인산질 비료·가리질 비료와, 세 성분이 모두 섞여 있는 복합 비료가 있다. 무기질 비료는 다루기가 편하고 효과가 바로 나타나는 장점이 있으나, 잔류물에 의한 피해가 있다. 그러므로 가능하면 유기질 비료를 사용해 유기농업을 시작해보는 것이 좋다.

🌸 **잡초의 문제** : 정원을 가꾸는 데 있어 언제나 잡초는 골칫거리가 아닐 수 없다. 건물 신축과 함께 땅을 깎아 새로 생긴 밭이라 하더라도 한 해만 지나면 잡초가 무성해진다. 한번 잡초 씨가 떨어지면 매해 끊임없이 잡초가 생긴다. 초봄에 꽃모종을 심기 전에는 깨끗하던 밭에서 잡초가 계속 올라오면 매우 당황하게 된다. 제초제는 쓰지 않고 유기농 또는 친환경 농업을 추구하다가 잡초를 제때 제거하지 못해서 황폐한 초지로 전락하는 경우가 종종 있다. 제초에 시간과 노력을 충분히 쏟을 자신이 없다면 밭을 일구는 즉시 제초제(발아억제제)를 뿌려 잡초의 세력을 줄이고, 그 다음부터 나오는 잡초는 직접 뽑거나 멀칭을 통해 생장을 억제해야 한다. 멀칭 재료로는 비닐, 신문지, 톱밥, 나무껍질, 잔디 깎은 것, 잡초 뽑은 것(단 종자가 맺히기 전까지) 등이 이용될 수 있다.

> 🌀 **잡초에 대한 경고**
> 서양에는 1년 잡초 종자가 맺히면 7년 동안 계속 잡초가 생긴다는 뜻의 "One year seed, seven years weed"라는 말이 있다.

씨뿌리기와 육묘

씨뿌리기 가장 손쉽고 실수를 줄이면서 정원을 시작하는 방법은 꽃시장이나 화원에서 묘를 사다 심는 것이다. 그러나 직접 씨를 뿌리고 묘를 키우는 일부터 시작하면 훨씬 경제적이고 재미도 있다. 발아에서 가장 중요한 요소는 수분과 온도다. 건조한 종자의 수분 함량은 10% 내외에 불과하다. 종자가 수분을 흡수하기 시작하여 60~70%에 이르면 발아할 준비가 완성되지만, 수분 공급이 계속되지 않으면 발아가 불가능하다. 따라서 종자를 뿌린 다음에는 절대로 물이 마르지 않도록 해야 한다.

❀ 봄과 가을에 뿌리기 : 식물 종류에 따라 봄에 씨를 뿌리는 식물(춘파식물)과 가을에 뿌리는 식물(추파식물)이 있고, 봄가을 어느 때나 파종할 수 있는 것도 있다. 봄에 씨를 뿌릴 때는 3~5월, 가을에 뿌릴 때는 9~10월이 적기다. 봄에 뿌리는 경우에 실내나 비닐터널처럼 저온이나 서리 피해를 막을 수 있는 시설을 갖추었다면 별 문제가 없지만, 밭에 바로 뿌릴 때는 늦서리가 내린 이후에 파종해야 한다. 충청도를 중심으로 하는 중부와 서울·경기는 남부 지방에 비해 늦서리가 더 늦게까지 계속된다. 그러므로 봄소식이 들리자마자 파종하는 것을 피하고, 만상기(경기 지역은 4월 25일 이후)가 지난 후에 파종해 냉해나 서리 피해를 막아야 한다. 가을에 파종할 때도 저온에 견딜 수 있는지 판단해서 파종한다. 종자 파종뿐 아니라 구근 심기도 봄과 가을에 한다. 일반적으로 가을에 심는 알뿌리(추파

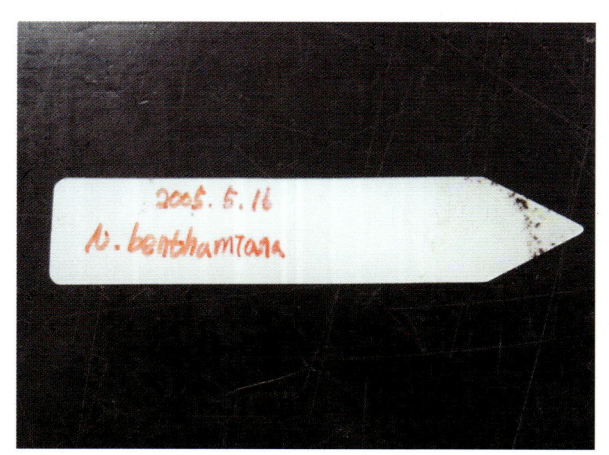

파종라벨 부치기
종자의 명칭과 파종일을 기록하며, 여러 사람이 같이 파종하는 경우에는 자신의 이름을 적어 구분한다.

구근)는 다음해 이른 봄부터 초여름에 걸쳐 꽃밭을 화려하게 장식한다. 그러나 알리움은 가을에 너무 일찍 심으면 알뿌리에 저장된 양분이 거의 다 소진되어 이듬해에 꽃을 볼 수가 없으므로 11월에 심는 것이 적당하다.

❀ 발아 일수의 차이 : 보통 구입한 종자의 봉투에는 파종기, 발아율, 발아에 필요한 날짜(발아 일수) 등이 표시되어 있다. 대부분의 식물은 1주일 만에 발아하지만, 발아 일수는 식물에 따라 다르다. 예컨대 무는 이틀이면 발아하지만 플록스나 프리뮬러는 3주에서 4주가 소요되고, 도라지도 보름에서 한 달가량의 시간이 걸린다. 이렇게 발아 일수가 긴 식물들은 자칫 발아에 실패한 줄로 여기고 파종한 화분의 흙을 폐기할 수도 있으므로, 발아 일수 확인을 잊지 말아야 한다.

❀ 적당한 발아 온도 : 아무 때나 씨를 뿌리면 싹이 트지 않을 수 있다. 식물에 따라 발아 적온이 다르기 때문이다. 일반적으로 식물은 15~20도에서 가장 발아가 잘 되지만, 추파성식물인 시네라리아와 시클라멘 등의 발아 적온은 10도로 낮은 편이다. 반면 피튜니아·맨드라미·달리아·채송화 등은 20도가 적당하고, 콜레우스·코스모스·아스파라거스·꽃양귀비 등은 30도가 적온이다. 꽃양귀비는 봄에 일찍 파종해도 기온이 오르는 늦봄에야 발아하기 시작한다. 발아 적온과 낮의 길이(일장) 등을 고려해 꽃을 보기 원하는 시기를 거꾸로 계산해서 파종 시기를 결정한다. 개화기까지는 3~6개월 정도가 필요하다.

❀ 파종 방법과 장소 : 씨를 뿌리는 방법은 주로 씨의 크기에 따라 좌우된다. 작은 종자는 주로 흩어 뿌리고(흩뿌리기), 중간 크기의 종자는 줄을 따라 줄뿌리기를 하며, 종자가 크거나 귀한 것은 하

나씩 뿌리는 점뿌리기를 한다. 흔히 구할 수 있거나 집중적인 육묘 과정이 필요하지 않은 종자는 발아 적온에 맞춰 밭에 직접 뿌린다. 하지만 이른 봄부터 식물을 밭에 심고 싶은 경우나 귀한 종자들은 화분이나 파종상에서 발아시킨 후 옮겨심기를 거쳐 내다 심는다. 그러나 당근 등과 같이 곧은 뿌리를 갖는 직근성식물은 옮겨심기가 용이하지 않으므로, 보통 밭에 직접 뿌린다.

파종에 적합한 용토 씨 뿌리기에 적합한 흙은 발아에 적합한 pH와 적당한 양분을 공급할 수 있는 재료다. 종자는 스스로 저장 양분을 가지고 있기 때문에 발아 자체와 초기 생육에는 별도의 영양 공급을 필요로 하지 않는다. 하지만 후속 생육을 위해서는 적당한 영양을 공급해줘야 한다. 파종용 용토는 배수가 잘되면서도 보수력이 좋고, 너무 가볍지 않으면서 잡초 씨나 병원성 미생물을 포함하지 않은 소독된 용토가 바람직하다. 파종상에는 다음에 소개하는 매질 중 하나를 선택해 단용으로 쓰거나, 한 가지 이상을 혼합해 보수력과 보비력이 뛰어나면서도 통기성이 좋은 혼합용토를 만들어 쓴다.

❀ 밭흙 : 바람직한 밭흙은 45%의 무기물, 5%의 유기물, 25%의 공기, 25%의 수분을 함유한 양질토양(loam)이어야 한다. 부엽토와 모래가 섞인 부드러운 밭흙이면 대체적으로 무난히 쓸 수 있다. 단 병원균이나 잡초 씨에 오염되지 않은 흙이어야 한다.
❀ 강모래 : 공사장에서 널리 쓰이는 강모래는 마사(磨砂)라고도 하며, 배수성과 통기성은 좋으나 보수력과 보비력이 약하다. 그러므로 단용으로 쓰기보다는 다른 매질과 섞어 사용한다.
❀ 부엽토 : 낙엽을 썩혀서 만든 것으로, 단용으로 쓰지 않고 다

른 매질과 섞어 사용한다. 혼용하는 이유는 토양의 물리적 성질, 즉 통기성·보수력·보비력 증진을 위해서다.

❀ 펄라이트 : 진주암을 고열 처리해 만든 인공토로, 잡초 씨와 병원균이 없다는 장점을 가졌다. 파종이나 삽목 및 수경 재배에 널리 이용되고 있으며, 발아 이후의 후속 생장을 위해서는 영양분 공급이 필요하다.

❀ 버미큘라이트(질석) 운모를 고온 처리해 얻은 인공토로, 단용 또는 혼합해 사용된다. 파종·삽목에 주로 쓰인다.

❀ 수태 : 수태에는 피트모스(peat moss)와 스파그넘모스(sphagnum moss)의 두 종류가 있다. 피트모스는 습지 등에 오랫동안 축적되었던 이탄토(泥炭土)로서, 수태가 부분적으로 부식된 상태다. 한편 스파그넘모스는 호주의 태즈메이니아 섬 등에서 수집해 바로 말린 부식되지 않은 수태로서, 두꺼운 상태의 가볍고 보수력이 뛰어나 난재배 매질로 많이 사용된다. 수태는 단용으로도 쓰이지만, 강산성을 띠므로 파종할 때는 특수한 경우를 제외하고 늘 다른 매질과 섞어 사용한다.

❀ 지피믹스(Jiffy mix) : 지피믹스는 분쇄된 스파그넘모스, 피트모스, 고운 버미큘라이트가 동량으로 섞인 혼합물이다. 주로 수입품인데, 입자 크기에 따라 파종용과 육묘용 등으로 구분된다.

파종 후의 손질법

❀ 복토 : 씨를 뿌린 후에 흙을 덮어주는 것을 복토(覆土)라 한다. 복토는 일반적으로 종자 크기의 세 배 정도 두께로 한다. 종자가 작은 경우에는 고운 흙으로 덮고 종자가 뜨지 않도록 꼭꼭 눌러준다.

원예용토
파종과 삽목을 하는 경우나 용기에 사용하는 흙은 펄라이트와 질석과 같은 특수한 원예용토가 사용되기도 한다.

🌼 이름표 달기 : 파종이나 옮겨심기 다음에는 작업 내용을 표시하는 이름표를 달아준다. 이름표에는 식물명, 품종, 파종일 또는 이식일을 기록한다.

🌼 물 주기 : 파종 후에는 마르지 않도록 물을 주는 것이 필수다. 보통 물뿌리개를 이용해 가볍게 충분히 주어야 한다. 그러나 가는 종자는 물을 위에서 줄 경우에 복토한 흙이 흩어지면서 종자가 노출될 가능성이 크다. 그때는 물을 담은 용기에 화분을 넣어 물이 밑에서 서서히 위로 타고 올라가는 저면관수(底面灌水)를 실시한다.

🌼 솎아내기 : 발아 후에 시간이 조금 지나면 지나치게 빽빽이 자라는 경우가 있는데, 적당한 솎기를 통해 튼튼한 묘로 키워야 한다. 너무 작거나 큰 것을 솎아내서 균일한 크기의 묘가 서로 닿을 듯 말 듯할 정도의 거리를 유지하도록 해준다.

🌼 옮겨심기 : 식물에 따라 묘의 크기는 물론 다르지만, 대체로 본잎이 3~4장 나와 묘가 100원짜리 동전만해지면 묘판이나 화분으로 옮겨심는다. 묘판은 크기별로 구분되어 105공, 72공, 30공 트레이 등을 원예 자재상에서 구할 수 있으므로 식물 크기에 맞는 적당한 것을 선택해 옮겨심는다. 어느 정도 큰 것은 하나하나 이식용 비닐 화분에 옮겨심어 육묘하기도 한다. 옮겨심기를 하는 흙은 적당한 비료분이 섞여 있어야 한다. 옮겨심기는 한 번 또는 두 번 하기도 한다.

🌼 아주심기 : 묘가 잘 자라 뿌리가 묘판을 가득 채우면 밭이나 화분으로 옮겨심는다. 심을 장소에는 미리 밑거름을 해야 하는데, 거름기가 묘의 뿌리에 직접 닿지 않도록 주의한다. 심는 간격은

파종에서 아주심기까지
파종 한 후 본엽이 4-5매 가 될 때까지 ❶ 적당한 간격으로 솎아내며 키운다 ❷ 본엽이 4,5매 되면 묘판에 1차 가식한다 ❸ 화분(또는 PE 포트)에 2차 가식하거나 2차 가식을 생략하고 바로 포장에 바로심기를 한다.

식물이 완전히 자라 꽃이 필 때의 크기를 고려해 적당히 띄워주고, 이른 아침에 해서 식물이 강한 햇빛에 영향을 받지 않도록 해야 한다. 흐린 날에 작업하는 것도 한 방법이지만, 흐린 날이 계속될 때는 병이 발생할 우려가 있다. 그러므로 날씨가 좋은 날을 택하고, 심은 후에 햇빛이 너무 강한 경우는 신문지 등으로 그늘을 드리우는 것이 좋다.

❀ **버팀목 세우기** : 버팀목은 키가 많이 크는 식물을 쓰러지지 않게 해준다. 또한 덩굴성 식물에 버팀목을 세워주면 타고 올라가는 아름다운 모습을 볼 수 있다.

모종을 구입할 때 주의할 점

넓은 면적에 심는 경우가 아니면 보통 시중에서 묘를 구입해 심는다. 이때는 건전하고 좋은 모종을 구입하는 것이 중요하다. 좋은 묘의 기준은 다음과 같다.
- 묘의 색이 밝고 싱싱해 보이는 것을 선택한다.
- 너무 큰 묘, 특히 아래 잎의 상태를 확인해 늙은 묘를 피한다.
- 병이나 진딧물이 있는지 확인한다.
- 계절에 벗어난 묘는 구입하지 않는다. 전문가가 아닌 초보자가 식물의 생육 적기를 벗어난 묘를 잘 키우기는 어렵다.
- 조금 큰 식물을 구할 때는 실하고, 가지가 너무 많지 않으며, 꽃봉오리가 많은 것을 선택한다.

물 관리

식물은 끊임없이 물을 흡수하고 배출하는 과정을 통해 생육하고 꽃을 피우는 생명 현상을 이어간다. 그래서 수분이 부족하면 기공을 닫아 증산 작용을 억제함으로써 수분 손실을 막는다. 그러나 그로 인해 탄산가스의 유입이 억제되어 광합성이 저하되고, 수분을 통해 공급되던 양분이 고갈되면서 생육이 둔화되면 결국 고사하게 된다. 따라서 정상적인 생육을 위해서는 적당한 수분 공급이 필수적이다. 현명한 물 주기는 식물의 생육을 좋게 할 뿐 아니라 재배 경비도 절감시킨다.

필요할 때만 충분히 물 주기는 식물에 따라 다르다. 수분 흡수율이 높은 식물이 있는 반면, 비교적 건조한 조건에서도 잘 자라는 식물이 있다. 식물의 종류를 막론하고 생육이 왕성한 시기나 아름다운 꽃을 보기 위해서는 건조기에 물뿌리개나 호스 등을 이용해 수분을 충분히 공급해주어야 한다. 물은 자주 슬쩍 주지 말고 땅속으로 깊이 스며들도록 흠뻑 줘야 한다. 보통은 지표면이 젖을 정도로 주는데, 흙을 파보면 물이 땅속으로 스며들지 못한 것을 확인할 수 있다. 그런 경우 식물의 뿌리는 물을 이용할 수 없고 표면의 물기는 곧 증발해버린다. 그러면 지표면은 더욱 건조하고 딱딱해지고, 식물은 계속 수분 부족 상태에 머물 수밖에 없다. 건조기에 물을 줄 때는 반드시 흙을 파보면서 수분 공급 상태를 확인해야 한다.

봄에 나무를 이식한 후에는 뿌리가 자리를 잡을 때까지 계속 수분 공급이 필요하다는 사실을 기억해야 한다. 계속 물 주기가 여의

치 않으면 커다란 비닐주머니에 물을 채우고 밑에 구멍을 몇 개 뚫은 다음, 윗부분을 나무에 매달아 물이 천천히 계속적으로 공급되도록 한다.

배수 관리 정원에서는 물 주기도 중요하지만 과습하게 되면 또 다른 문제가 생긴다. 특히 비가 온 후에 물이 빠지지 않으면 뿌리가 피해를 받게 되므로, 물길을 터주어 뿌리가 물에 잠겨 있는 시간을 최소화해야 한다. 뿌리가 물에 오래 잠겨 있으면 산소 결핍으로 뿌리의 활성이 둔화되고, 토양 중의 혐기성 미생물이 자라면서 뿌리가 썩게 된다.

토양의 수분 함량은 토성에 많은 영향을 받는다. 모래 성분이 많은 토양은 배수가 잘 되는 반면 보수성이 약하고, 반대로 점토 성분이 많은 토양은 배수가 불량하다. 그러므로 모래를 추가하거나 유기질 비료를 많이 주어 토성을 개량시키는 노력을 기울여야 한다.

화분에 물 주기 정원의 수분 관리도 쉬운 일이 아니지만, 완전한 인공 조건인 실내나 온실 내 화분의 물 관리는 더 어려운 과제다. '물 주기 3년'이라는 말은 물 관리의 어려움을 그대로 드러내고 있다. 집안 화분의 물 관리는 게으른 사람보다 부지런한 사람들이 실패하기 쉽다. 일반적으로 부지런한 사람은 며칠에 한 번씩 틀림없이 물을 주는 습관을 잘 지켜가지만, 이러한 기계적인 물 주기는 식물 기르기를 실패로 이끌 가능성이 있다. 화분의 수분 상태를 진단하지 않고 같은 양을 계속 주면, 대부분 과습으로 인한 피해를 보게 된다. 화분에 물을 줄 때는 화분 위의 흙이 조금 마르기 시작할 때 흠뻑 주어서 화분 밑으로 흘러나올 정도가 되게 한다. 그러면 신선한 공기가 충분히 들어 있는 물이 이산화탄소 등의 바람직하지 않은 물질을 씻어낸다. 만약 충분한 물을 주지 않으면 그런 요소를 씻어내면서 산소를 새롭게 공급하는 과정이 일어나지 않는다.

영양 관리

비료에 대한 상식 식물이 생육하기 위해 필수불가결한 17가지(탄소, 산소, 수소를 제외하면 14가지) 요소를 필수요소라 하고, 식물은 이들 요소를 대부분 토양에서 흡수한다. 그 중에 질소(N), 인산(P), 칼리(K)는 식물이 다량으로 필요로 하는 데 비해 토양에서의 공급이 충분하지 못해서 부족 현상이 쉽게 나타난다. 그래서 비료로서 보충하는데, 이들 세 가지 성분을 비료의 3대 요소라 하고 칼슘을 더해 4대 요소라고 한다. 이들은 퇴비, 구비(動物 분뇨), 깻묵, 부엽과 같은 유기질 비료로 공급할 수도 있지만, 대부분 화학적으로 합성된 화학 비료로 공급된다. 화학 비료는 질소질 비료(요소, 유안), 인산질 비료(용성인비, 용과린), 칼리질 비료(염화가리, 황산가리고토)와 같이 한 가지 성분만 함유하는 단비(單肥)가 있는가 하면, NPK를 같이 함유한 복합비료도 있다. N:P:K의 비율은 제조원에 따라 다르므로 필요에 맞게 선택한다. 일반적으로 질소는 잎의 비료, 칼리는 줄기의 비료, 인산은 꽃의 비료라고도 한다. 각종 원예 전용의 액체 비료들이 시중에 판매되고 있는데, 하이포넥스가 가장 광범위하게 이용된다.

식물의 비료 요구도 무조건 비료를 많이 주는 것은 좋지 않다. 식물에 따라 비료 요구도가 다르기 때문이다.

생육이 왕성할 때는 질소질 비료가 많이 필요하고, 개화나 결실기에는 인산과 칼륨 성분이 더 필요하다. 지나친 질소 시비는 잎과 줄기의 생육을 왕성하게 하는 반면 개화를 지연시키거나 꽃이 보잘 것 없어진다.

식물에 따른 비료 요구도

구분	식물의 종류
비료 요구량이 많은 식물(보통의 2배 이상)	국화, 카네이션, 포인세티아, 제라늄, 수국, 토마토, 오이 등의 채소류 및 과수류
비료 요구량이 적은 식물(보통의 2분의 1 이하)	라벤더, 고사리류, 선인장류, 진달래, 철쭉, 양란류, 프리뮬러, 기타 음생식물

선인장과 알로에
다육식물은 비료 요구도가 낮고, 특히 물을 많이 주면 안 된다.

식물에 가장 좋은 것은 유기질 비료다. 유기질 비료는 땅의 물리적 성질을 좋게 할뿐더러, 다양한 무기요소를 공급해 식물에게 유리함은 물론 토양 미생물의 활동을 활발하게 해주어 자연 순환의 고리를 촉진시킨다. 비료 성분 면에서 볼 때는 유기질 비료가 화학비료에 비해 양분을 덜 함유하고 있다. 유기질 비료 중에 동물의 피와 골분이 양분이 높은 편이며, 인산 성분은 골분에 가장 많이 함유되어 있다. 유기농을 지향한다면 퇴비, 구비, 음식 부산물, 골분 등의 유기질 비료를 이용한다. 집안에 있는 풀, 낙엽, 음식 부산물 등을 이용해 유기질 비료를 직접 만들어 쓰는 것도 보람 있는 일이다.

시비의 적기 모든 식물은 잘 자라기 위해 비료를 필요로 하는데, 유기질 비료나 화학 비료로 줄 수 있다. 유기질 비료는 토양의 물리적 성질을 좋게 하는 등의 좋은 점이 있지만 유기질의 분해가 늦은 편이다. 또한 유기질 비료는 식물에 필요한 필수 요소를 고루 함유한 대신 그 양이 충분하지 않아서 다량의 공급이 필요한 반면, 화학 비료는 그 효과가 빠르고 비료의 함량도 높다. 유기질 비료는 생육 시기 중 어느 때 주어도 식물에 좋다. 일반적으로는 흙과 섞어서 식물 주위에 훌훌 뿌려준다. 비료의 효과를 높이기 위해서 식물을 심을 구덩이나 밭고랑에 직접 넣기도 하는데, 이때는 식물의 뿌리에 직접 닿지 않도록 주의한다. 또한 완전히 숙성하지 않은 비료를 사용하면 땅속에서 분해되면서 높은 열을 내고,

퇴비 만들기

낙엽이나 짚, 베어낸 풀, 동물의 배설물 등을 섞어 충분히 썩힌 것을 퇴비라고 한다. 퇴비는 뜰이 있는 집에서는 누구나 만들 수 있다. 우선 정원의 한 귀퉁이에 퇴비 만들기 적재함을 마련한다. 나무를 이용해 사각형으로 만들거나 닭장 울타리용 철조망으로 둥글게 만들 수도 있다. 또는 뚜껑이 있는 플라스틱 양동이의 밑을 잘라내거나 구멍을 잘 뚫고 땅에 묻어 음식물 찌꺼기와 함께 퇴비를 만든다.

적재함 안에 낙엽이나 짚 등의 마른 것을 15센티미터 정도 쌓고, 그 위에 뽑아낸 잡초(반드시 종자가 맺히지 않은 것)나 베어낸 풀을 5~10센티미터 넣은 다음, 다시 그 위에 좋은 밭흙을 1~2센티미터 덮는다. 동물 배설물이나 질소질 비료를 뿌려주어서 미생물의 질소원을 공급하고, 그 위에 다시 낙엽, 생초, 밭흙의 순서로 쌓아둔다. 그러면 여름에는 2~3개월, 겨울이라도 6개월 정도 지나 비료로 쓸 수 있게 된다. 퇴비를 만드는 재료는 음식물 찌꺼기를 비롯해 모든 유기물이 가능하지만 고기, 지방, 치즈 등의 음식물 찌꺼기는 쥐나 고양이를 불러들일 우려가 있다. 또 김치 등의 소금기가 많은 음식물 찌꺼기는 퇴비의 염도를 높이므로 유의한다.

퇴비 만들어 쓰기
정원 한쪽에 퇴비장을 만들고 손수 퇴비를 만들어 쓴다. 정원에서 뽑은 잡초, 잔디 깎은 것, 채소 다듬은 것 등을 쌓아 퇴비를 만든다. 음식 찌꺼기는 따로 모아 발효시킨다.

화학 비료는 유기질 비료보다 강하기 때문에 식물과 직접 닿는 것을 피해야 한다. 종자, 뿌리, 줄기, 잎의 어느 부분이든 화학 비료 알갱이가 닿으면 피해를 받는다. 특히 유묘에 화학 비료를 바로 뿌려주면 고사하기 쉽다. 유묘에는 1찻숟가락의 화학 비료를 4리터의 물에 희석해 뿌려주면 생육이 좋아진다. 화학 비료는 유기질 비료와 달리 생육 기간 중 적기에 주어서 생육을 촉진하고 불필요한 피해를 받지 않도록 한다.

식물에 따른 시비 시기

식물 종류	시비 시기	비고
한해살이	봄과 여름	식물을 심기 전에 비료를 흙과 잘 섞는다. 순지르기나 꽃을 따버린 후에는 다시 비료를 준다.
여러해살이	생육이 재개될 때	새로운 눈이 나올 때마다 반복해 시비한다.
구근류	봄과 가을 구근을 심을 때	구근을 심을 때 구덩이를 파고 비료와 흙을 섞어 넣고, 다시 흙을 덮은 다음 구근을 알맞은 높이로 심는다. 추식구근은 봄에 싹이 트면 다시 토양 표면에 비료를 흩어 뿌려준다.
화목류	이른 봄	어린 나무는 여름에 추비하고, 늙은 나무는 전정한 후에 한다.
실내 식물	연중 내내	유기질 비료나 액비를 하며 비료 농도가 진하지 않도록 주의한다. 봄과 여름에는 비료를 더 주고 가을과 겨울에는 그 양을 줄인다.
잔디	이른 봄부터 가을	이른 봄에 잔디에 비료를 주어, 잡초가 자라기 전에 잔디가 먼저 기선을 잡도록 한다. 8월 이후에는 질소질이 적은 비료를 준다.
장미	4월과 8월	첫번 비료를 4월에 주고 8월에 다시 한 번 시비하여 찬바람이 불면서 장미꽃이 다시 필 준비를 하게 한다. 2차 시비가 늦어지면 식물체가 연약하게 웃자라 겨울철에 동해를 받을 염려가 있다.
상록수	이른 봄	소나무와 동백 등은 산성 비료를 준다. 식물 주위를 뿌리가 상하지 않을 정도로 조금 파고 비료를 주어서 비료가 깊이 들어가도록 한다.
교목	봄	나무 주위로 나무 직경만한 고랑을 둥글게 파고 비료를 주어 비료가 땅속 깊이 들어가도록 한다. 추비는 필요에 따라 나무비료라고 하는 완효성 비료를 2~3개 놓는다.
채소류	생육 기간 내내	봄에 파종이나 아주심기 전에 비료와 밭흙을 섞어 밭을 마무리한다. 채소 종류에 따라 추비한다.

액비살포
원예 작물에 농약이나 액체비료를 줄 때는 용기에 표시된 희석 배수를 유의하여 약해를 받지 않도록 한다.

식물 늘리기

식물이 번식하는 방법은 크게 종자 번식과 영양 번식으로 나뉜다. 종자 번식은 수술의 꽃가루와 난세포가 결합하여 생긴 씨를 통해 번식하는 방법으로, 유성(有性) 번식이다. 한편 영양 번식은 씨 이외에 잎·줄기·뿌리 등 조직(영양체)의 일부에서 새로운 개체를 얻는 방법으로, 무성(無性) 번식이다. 대부분 종자 번식을 한다.

종자 번식 종자 번식은 번식 방법이 간편해 다수의 묘를 쉽게 얻을 수 있으며, 영양번식 개체에 비해 일반적으로 발육이 왕성하고 수명이 길다는 장점이 있다.

"콩 심은 데 콩 나고, 팥 심은 데 팥 난다"는 옛말이 있다. 이처럼 일반적으로 씨를 심으면 종자를 받은 식물과 같은 식물이 나오지만, 경우에 따라서는 그렇지 않을 때가 있다. 요즘에는 잡종 강세 현상을 이용한 1대 잡종(F_1) 종자가 많다. 그래서 아름답게 핀 꽃을 보고 씨를 받아 심었다가 기대와 다른 꽃이 피어 낭패를 보기도 한다. 꽃이 화려하고 아름다운 1년초화는 종묘 회사들이 육종해낸 1대 잡종인 경우가 많기 때문에, 그 종자를 파종하면 형질의 분리 현상이 나타나 F_1과 같지 않은 개체를 얻게 된다. 그러므로 종자를 사서 파종하는 것이 확실하다.

종자가 발아하기 위해서는 적당한 수분과 온도 및 산소의 공급이 필요하며, 종자에 따라서는 빛이 영향을 주기도 한다. 즉 빛이 발아를 촉진하는 호광성 종자(금어초, 양귀비, 잔디, 피튜니아, 플리뮬러 등)와 빛이 발아를 억제하는 혐광성 종자(금잔화, 맨드라미, 백일홍, 색비름, 수레국화 등)가 있다.

❀ 씨받기 : 꽃이 지면 시기를 놓치지 말고 씨를 받도록 한다. 씨가 제대로 익었는지 확실히 알기가 쉽지 않지만, 종자는 70%만 익어도 싹이 튼다. 그러므로 갈색으로 변하기 시작하면 살짝 열어 내부의 종자도 갈색으로 변했는지를 확인하고 수확한다. 봉선화, 팬지, 클레오메 등의 씨는 건드리기만 해도 튀기 때문에 주의해야 한다. 깍지에 싸여 있는 팬지 등은 깍지가 완전히 누레지기 전에 깍지째 따서 서늘한 곳에 두어 말린 후 종자만 모아둔다. 씨는 손으로 하나하나 떼어내야 하는 것도 있지만, 쉽게 그냥 떨어

지는 것도 있다. 박하, 차조기(차즈기), 유채, 샤스타데이지, 코스모스 등의 씨가 모두 쉽게 떨어지므로, 밑에 신문지를 깔고 마른 줄기를 잘라 거꾸로 들고 흔들거나 손으로 훑어서 씨를 받는다.

❀ 씨의 보관 : 받은 종자는 꽃잎 등의 잡티가 많이 섞여 있으므로 씨 고르기를 해야 한다. 바람이 없는 날 툇마루에 선풍기를 약하게 틀어놓고 가벼운 꽃잎과 잡티를 날려 보낸다. 그래도 이물질이 섞여 있으면 종자의 크기에 알맞은 체를 이용해 걸러낸다. 정선된 씨는 서늘한 그늘에서 뽀송뽀송하게 잘 말린 다음, 종이봉투에 넣고 이름, 채집 연월일, 채집 장소 등 필요한 참고 사항을 적는다. 단 비닐봉투는 금물이다. 종자를 담은 봉투는 건조제와 함께 병에 넣어 이듬해 봄까지 어둡고 서늘한 장소에 보관한다. 건조제는 과자상자나 김상자에 함께 따라오는 것을 버리지 말고 보관했다가 사용하기 직전에 오븐에서 말린 후 쓰면 좋다. 대부분의 씨는 건조 보관이 원칙이나, 말리면 안 되는 종자도 있다. 동백, 복숭아, 호두, 밤, 서양오얏 등은 말리지 않고 모래에 파묻어 보관한다.

영양 번식 장미나 사과 등을 파종하면 엉뚱하게 찔레나 야생사과 같은 묘를 얻게 된다. 이들은 종자로 번식하는 것이 아니라 접붙이기를 한 영양 번식을 하는 것이 특징이다. 우리가 가정에서 쉽게 할 수 있는 영양 번식 방법으로는 포기나누기, 분구, 꺾꽂이, 휘묻이 등이 있다.

❀ 포기(촉)나누기 : 원뿌리에 나 있는 여러 개의 싹을 원 포기에서 떼어내어 증식시키는 방법으로, 분주(分株)라고도 한다. 간단히 손으로 하기도 하고, 쉽게 떨어지지 않는 경우는 칼이나 가위

분주
호스타와 같은 숙근초는 포기나누기를 한다.

또는 삽을 이용해 한다. 포기나누기를 할 때는 한 포기에 눈이 2~4개 정도 있는 것이 좋다.

❀ 알뿌리 번식 : 구근류의 번식 방법인 분구(分球) 역시 포기나누기와 같은 원리로서, 줄기의 변형인 인경·구경·괴경 등을 분리하는 방법을 말한다. 구근에서 자연적으로 생겨난 자구(子球)를 분리하는 것이 일반적인 방법이며, 특수한 경우는 인공적인 조작으로 자구를 착생시키기도 한다. 알뿌리가 튤립이나 수선화같이 하나씩 확실히 분리되는 것은 별문제가 없으나, 달리아와 칸나처럼 덩이로 붙어 있는 구근을 분리할 때는 반드시 눈이 붙어 있는지 확인해야 한다. 눈이 없는 알뿌리는 새싹을 낼 수 없다.

삽목
꺾꽂이를 할 때 살균제를 포함한 발근촉진제를 사용하면 성공률이 높다.

❀ 꺾꽂이 : 줄기, 잎, 뿌리의 일부를 잘라 흙이나 물에 꽂아서 뿌리를 내게 하는 방법을 꺾꽂이 또는 삽목(挿木)이라고 한다. 꺾꽂이에 사용되는 용토는 배수가 잘되면서도 보수력이 있고, 통기성이 좋은 재질이어야 한다. 펄라이트, 버미큘라이트, 피트모스 등의 무균 용토가 많이 이용된다. 꺾꽂이를 할 때는 꺾꽂이모에 잎이 많은 편이 좋으나, 잎 면적이 너무 크면 증산 작용 때문에 뿌리가 내리기 전에 죽어버린다. 그래서 1~2개의 잎만 남기거나 경우에 따라서는 을 반으로 잘라주어 면적을 줄

이기도 한다. 꺾꽂이를 할 때는 적어도 2~3개 마디의 길이로 잘라 꺾꽂이모의 3분의 1 정도가 묻히도록 비스듬히 꽂아준다. 꺾꽂이는 공중 습도가 80~90% 정도일 때 하는 것이 좋다. 또 꺾꽂이 이후에 4~5일간은 신문지 등으로 해가림을 해 주어야 한다.

❁ 휘묻이 : 모체의 가지를 휘어서 땅에 묻어 뿌리가 내리게 한 뒤에 그 가지를 잘라 새로운 묘목을 얻는 방법으로, 취목(取木)이라고도 한다. 휘묻이 시기는 기온이 높아지는 5월부터 8월 초까지지만, 되도록 빨리 하는 것이 좋다. 휘묻이 방법으로는 선취법, 성토법, 고취법 등이 많이 활용되고 있다.

선취법은 지면 가까이에 자라고 있는 가지의 끝 부분을 휘어서 흙에 묻고, 끝의 5~10센티미터 정도가 흙 밖으로 나오도록 하는

분주   경삽 / 근삽   휘묻이 (선취법)

휘묻이 (고취법)   휘묻이 (성토법)

씨받기
종자를 감고 있는 씨꼬투리를 적기에 수확하여 서늘한 그늘에서 잘 말려 보관한 종자는 수명이 길다.

정원을 풍요롭게 가꾸기 위해 꼭 알아야 할 것들

방법이다. 그리고 성토법은 묻어떼기라고도 부르며, 모식물의 기부를 낮게 잘라주고 흙을 높게 덜어주어 가지에서 새 뿌리가 나오게 한 후에 떼어 심는 방법이다. 마지막으로 고취법은 고무나무 등이 모양 없이 가지가 길게 자란 경우에 주로 활용한다. 가지의 끝 쪽에 상처를 주거나 껍질을 일부 벗긴 다음, 그 부분에 습기 있는 수태를 뭉쳐서 감고 그 위를 다시 비닐 등으로 싸서 묶어줌으로써 그 속에서 뿌리가 나도록 하는 방법이다.

유기농사 짓기

유기농이란 친환경적으로 농사를 짓는 것을 말한다. 물론 유기 농산물을 생산하는 농가에 대해서는 엄격한 기준이 적용된다. 하지만 취미로 농사를 짓는 사람들에게는 화학비료, 농약, 제초제와 같은 합성 제품을 쓰지 않고 보다 환경을 생각하는 방법을 택하는 것을 의미한다. 완전한 유기농사는 쉽지 않겠지만, 화학 물질 사용을 자제하고 조상들이 농사지었던 방법을 생각하며 좀 더 노력하는 것으로 충분하다고 생각한다.

나도 이천 농장을 마련하고 유기농사를 지어보려고 노력 중이다. 채소밭과 꽃밭은 100% 목표 달성에 다가가고 있지만, 잔디는 어쩔 수 없이 봄철에 한 번은 제초제를 사용한다. 잔디밭에 제초제를 쓰지 않고 잡초를 제압하기란 거의 불가능하다. 중요한 것은 "할 수 있는 최선을 다한다"는 자세라고 생각한다. 태평농법으로 유명한 이영문은 농장을 운영하는 이야기를 《이 세상에서 가장 게으른 농사꾼 이야기》라는 제목으로 펴냈으나,** 실제로 게으른 농부는 유기농사를 지을 수 없으며 다른 사람보다 더욱 부지런하고 힘겨운 노력이 필요하다고 생각한다. 그래도 환경을 생각하는 운동에 참여한다는 자부심은 육체적 고달픔을 극복할 수 있게 할 것이다.

•• 이영문, 《이 세상에서 가장 게으른 농사꾼 이야기》, 양문, 2001

땅을 일구지 않아도 채소는 자란다?

•• 도쿠노 가진,
《몸에 좋은 무농약 건강채소 기르기》,
장광진 감수, 동학사, 2002

도쿠노 가진(德野雅仁)은《몸에 좋은 무농약 건강채소 기르기》에서 무경운·무농약·무제초·무비료 재배법으로 채소를 재배할 것을 강조하고 있다.•• 제초·경운·농약·화학 비료라는 근대 농업 기술을 포기하고 옛날 옛적 방법으로 돌아가 싱그러운 먹을거리를 생산하는 이야기다. 그러나 땅을 사람이 일구지 않는다는 것은 자연 그대로 방치한다는 의미가 아니다. 사람 대신에 토양 미생물이나 지렁이 같은 토양 생물로 하여금 땅을 일구게 하는 것으로, 토양 생물들이 잘 자랄 수 있는 환경을 마련해주어야 한다. 토양 생물들은 화학

내가 만드는 유기질 액체 비료

우리가 하루에 필요한 음식을 세 끼에 나누어 먹듯이 식물도 필요한 영양을 한꺼번에 다 주는 것을 싫어한다. 조금씩 자주 비료를 주면 더욱 건강하게 잘 자란다. 식물은 고형 비료에서 직접 양분을 얻는 것이 아니라 토양 수분에 녹아 있는 비료 성분을 흡수한다. 그래서 고형 비료보다 액비의 효과가 더 크다. 계분, 돈분, 우분 등의 고형물을 플라스틱 통에 넣고 물을 부어 수 주일 동안 삭힌 후 걸러서 '구비액(manure tea)'을 만든다. 이렇게 만들어진 구비액을 물과 1:5의 비율로 섞어 사용하면 화학 비료 못지않은 효과가 있다.

녹비는 구비보다 사용 범위가 넓다. 녹비액은 컴프리와 쐐기풀 등의 잎을 플라스틱 통에 넣고 물을 부어 뚜껑을 닫은 채 수주일간 발효시켜 만든다. 발효가 끝난 다음에 그 액을 역시 1:5의 비율로 희석시켜 사용하는데, 구비액과 달리 냄새가 역하지 않기 때문에 실내에서도 사용이 가능한 훌륭한 비료다. 쐐기풀로 만든 액비는 질소 성분이 많아 채소나 샐러드용 채소와 허브에 주면 좋고, 컴프리액은 가리질이 특히 높아 토마토 비료로 적격이다.

비료나 제초제, 농약의 잔류물이 남아 있는 곳에서는 잘 자라지 못한다. 토양 생물들이 번성할 수 있는 환경은 유기물이 풍부한 건강한 땅이다. 퇴비, 구비, 녹비(풋거름) 등을 충분히 줄 때 토양 생물이 밭을 일굴 수 있는 터전이 마련되는 것이다.

친환경 제초 작업

내가 땅을 갖게 되어 밭을 일구면서 얻은 교훈은 농사란 결국 잡초와의 전쟁이라는 것이었다. 제초제의 발견으로 근대 농업의 획기적 발

신문지 멀칭
신문지로 멀칭해주면 잡초 방제에 도움이 된다.

전이 이루어졌고, 특히 여성들을 풀을 매는 노역에서 자유롭게 하였다. 그러나 그 편안함 뒤에는 자연 파괴라는 함정이 있으니 마음이 무겁지 않을 수 없다. 도쿠노 가진은 풀을 매지 않고도 채소를 키울 수 있다고 말하지만, 어떤 방법으로든 잡초를 잡아주지 않으면 작물은 자랄 수 없다.

근대 농업이란 경운한 땅에 비료를 많이 주고 제초를 해주는 조건에서 잘 자라고 수확이 많아지는 것이다. 현재 재배되고 있는 작물들은 이와 같은 근대 농법으로 육성되었기 때문에 자연에 맡겨 잡초와 경합시킨다면 제대로 자랄 수가 없다. 따라서 제초제를 쓰지 않고도 잡초를 잡아줄 수 있는 방법을 강구해야 한다.

멀칭이 가장 쉬운 방법이다. 비닐 멀칭을 하면 쉽게 잡초를 잡아줄 수 있지만, 사용한 비닐은 썩지 않고 환경을 오염시킨다는 점이 문제다. 신문지와 바크(나무껍질), 그리고 잡초 종자가 없는 퇴비가 비닐 멀칭의 대안이 될 수 있지만, 장마 이후의 잡초는 잡기가 어렵다. 패트리샤 란자(Patricia Lanza)가 저술한 《라자냐 농법》** 책에서 배운 멀칭법으로 아주 성공적인 잡초 잡기가 가능해졌다. 나는 라자냐 농법을 우리말로 시루떡 농법이라 부르는데, 시루떡을 찔 때 켜를 만들 듯 이태리 요리 라자냐도 켜를 이루기 때문이다. 라자냐 농법은 멀칭 재료를 켜켜로 쌓는 방법으로, 숲의 생태에서 영감을 얻었다고 한다. 제일 먼저 젖은 신문지를 깔거나, 아니면 신문지를 깔고 물을 준다. 그리고 그 위에 톱밥, 볏짚, 퇴비, 베어낸 풀(잡초 종자가 생기기 전), 바크 등을 켜켜로 쌓고 식물을 심는 것이다. 백합과 작약에 이 방법을 도입했더니 제초가 한결 수월해졌다. 시작한 지 2년째인데 그 많던 잡초가 자취를 감추고, 가끔 솟아나는 잡초도 좀 크도록 두었다가 쉽게 뽑을 수 있게 되었다. 매해 이 작업을 계속하면 자연에서와 같

●● Lanza, P.
Lasagna Gardening with herbs,
Rodale. Books, 2004

이 밑에서부터 서서히 유기물이 분해되어 비료를 별도로 주지 않아도 식물이 잘 자라게 된다. 유기물 분해가 시작된 퇴비를 제외한 볏짚 등의 고형 물질을 사용하면 질소 성분이 부족하기 때문에 볏짚이나 바크 등의 갈색 재료(탄소원)와 풀 벤 것 등의 생체(질소원)를 4:1의 비로 쌓아간다.

예방이 제일이다

농약을 사용하지 않는 유기농업은 병해충 방제에 어려움이 있다. 유기농에서는 병해충 방제용으로 여러 가지 미생물제, 미생물을 이용한 발효 산물, 목초액, 초목회 등이 사용되며, 맥반석과 같은 광물질의 사용도 시도되고 있다. 그러나 이런 자연 제재는 농약에 비해 값이 비쌀 뿐 아니라 그 효력도 떨어지기 때문에 병충해 방제에 한계가 있다. 병해충이 한번 번창하면 구제 방법이 막막하다. 그러므로 건강한 식물로 자랄 수 있는 환경을 마련하고 늘 관찰하며, 이상 징후를 찾아내어 미리 예방하는 것이 유기농 성공의 길이다.

- 정결한 환경을 마련해 병해충 발생을 예방한다. 특히 병이나 해충이 발생했던 곳은 잔해물이 남지 않도록 한다.
- 병충해에 강한 작물과 품종을 선택한다.
- 환경에 맞는 식물을 선정한다. 빛, 수분, 온도 등의 적응성을 고려해 뜰에 맞는 식물을 선택한다.
- 식물이 고온이나 건조 등의 스트레스를 심하게 받지 않도록 한다. 스트레스를 받은 식물은 생리적 장애를 보이기 쉽다.
- 여러 종류의 생물이 공존해 건전한 생태계를 이룰 수 있도록

> ### 해충과 익충
>
> 밭에 진딧물이나 벌레가 보인다고 해서 자동적으로 농약을 치면 안 된다. 해충이 조금 보이는 것은 큰 문제가 아니다. 약간의 해충이 있다는 것은 천적을 끌어들일 수 있는 좋은 기회가 된다. 해충의 수가 증가하면 천적의 먹이가 늘어나 천적의 수도 많아지면서 자연스러운 평형을 이루게 되고, 견딜 수 있는 정도의 피해로 그치고 말 것이다. 약간의 해충이 보이기가 무섭게 농약병을 들고 나서면 해충의 문제는 바로 해결되지만, 해충과 더불어 모든 익충까지 박멸하게 된다는 것을 기억해야 한다. 무서운 농약을 뿌리기 전에 우선 간단히 손으로 해충을 제거하도록 한다.
>
> 뜰에 살고 있는 생물 중에는 해충의 밀도를 조절할 수 있는 이로운 생물이 여럿 있다. 이들이 살 수 있는 환경은 먹이인 해충이 있는 곳이다. 모든 벌레를 보기만 하면 잡아 없애려는 생각은 유기농을 포기하는 태도다. 개구리, 거미, 고슴도치, 굼벵이, 기생벌, 기생파리, 노린재, 무당벌레, 사마귀, 잠자리, 지렁이, 집게벌레 등은 농작물에 이로운 생물들이다.

다양한 환경을 만든다. 뜰 안에 물이 있는 미니 연못이나 습지, 건조한 바위 정원 등의 환경을 조성하면 다양한 생물이 깃들게 되어 있다.

궁합이 맞는 식물

유기농사를 하는 데 궁합이 잘 맞는 식물을 짝지을 줄 안다는 것은 큰 소득이다. 장미를 대규모로 키우는 불가리아에서는 양파와 마늘을 한쪽에 같이 키운다. 불가리아의 장미 재배는 장미 오일 생산이 주목적인데, 마늘과 같이 심은 장미는 훨씬 향이 높다고 한다. 실제로 어떤 식물은 화학 물질을 분비함으로써 이웃한 작물의 균류나 기타 병원균에 의한 피해를 감소시키는 것으로 알려져 있다. 마늘 등의 알리움과 식물은 황(S) 성분을 많이 가지고 있기 때문에 살균 효과를 보인다.

궁합이 잘 맞는 식물을 같이 심는 것은 일찍이 로마 시대부터 수행되어왔다고 한다. 정원사들의 세심한 관찰에 의해 서로 도움을 주는 식물 쌍과 서로 상극이 되는 식물 쌍을 찾아 실제로 농원에서 활용했다. 해바라기 밑에 스위트피(꽃완두)를 심으면 완두가 토양에 질소분을 축적시키고, 해바라기는 완두가 타고 올라가며 햇빛을 충

꽃사과의 적성병
식물의 병은 치료가 되지 않기 때문에 예방이 제일이다. 향나무는 적성병의 중간 숙주이므로 사과, 배, 꽃사과 등을 향나무와 가까이 심으면 피해를 볼 수 있다.

> ### 궁합이 잘 맞는 식물
>
> - 감자 : 완두, 강낭콩, 양배추, 한련화, 매리골드, 디기탈리스, 겨자무, 가지
> - 당근 : 완두, 20일무, 상추, 차이브, 양파, 파, 세이지
> - 딸기 : 상추, 시금치, 보라지, 세이지
> - 마늘 : 장미, 사과, 복숭아
> - 셀러리 : 토마토, 딜, 강낭콩, 파, 양배추, 칼리플라워
> - 시금치 : 딸기
> - 양파 : 당근, 상추, 캐모마일
> - 오이 : 감자, 셀러리, 상추, 옥수수, 양배추, 한련화
> - 토마토 : 아스파라거스, 셀러리, 파슬리, 차이브, 바질, 당근, 매리골드, 마늘, 디기탈리스
> - 파 : 당근, 셀러리
> - 포도 : 제라늄, 히솝, 바질, 탄지
> - 해바라기: 오이, 호박
> - 호박 : 옥수수

분히 받게 하는 지주 역할을 한다. 또 감자와 겨자무(서양고추냉이)도 함께 심는다. 이들은 일종의 공생 관계가 있다고 볼 수 있다.

반면에 궁합이 영 맞지 않는 식물 짝도 있다. 아스파라거스는 양파 및 감자와 상극이며, 강낭콩은 차이브와 회향(펜넬) 및 마늘과 같이 심지 않는다. 감자와 토마토, 완두와 양파 및 마늘은 상극이다. 허브 중에 바질은 루(rue)를 아주 싫어하며, 감자와 펜넬을 같이 심는 것도 좋지 않다. 또 배추·양배추·브로콜리 등의 브라시카(brassica)류와 감자를 어울려 심으면 둘 다 잘 자라지 못한다. 장미는 회양목을 싫어하고, 마늘 및 양파는 콩과 식물인 강낭콩과 완두의 생육을 저해한다.

돌려짓기의 필요성

채소를 전문적으로 재배하는 농장에서는 연작 피해를 호소한다. 다수확을 위해 화학 비료를 많이 주기 때문에 비닐하우스와 같이 비가림이 되는 곳에서는 비료 성분이 자연스럽게 씻겨나가지 않는다. 결국 염류 축적이 문제가 되고, 병충해의 피해가 특히 심해진다.

같은 땅에 한 작물을 계속 심으면 그 작물에 필요한 미량 요소는 계속 줄고, 바람직하지 않은 부산물 등의 필요하지 않은 물질은 계속 축적된다. 뿐만 아니라 피해를 주는 병원균의 밀도가 높아져 병 발생이 증가된다. 더욱이 화학 비료나 농약의 과다 사용은 병충해를 일으키는 생물의 천적을 함께 죽이기 때문에 연작 피해를 면할 수가 없다. 건강한 작물로 자랄 수 있게 유기물이 풍부한 토양을 마련하는 것이 연작 피해를 줄여주는 한 가지 방안이지만, 돌려짓기(윤작)를 하는 것이 필요하다. 즉 두 가지 이상의 작물을 같은 장소에서 차례로 재배하는 방법으로, 2~5년 후에 처음 심었던 작물을 다시 재배하는 것이다.

무·시금치·부추·근대·호박·참깨 등은 이어짓기를 해도 큰 문제가 없지만, 가지과 식물과 콩과 식물은 연작 피해가 있다. 특히 가정에서 재배하는 채소 중에는 가지·고추·피망·토마토 등 가지과 식물이 많은데, 돌려심기를 한다 하더라도 토마토 심었던 곳에 같은 과에 속하는 고추를 심는 것은 의미가 없다. 장소가 좁은 가정의 텃밭에서는 휴작은커녕 돌려짓기도 어렵기 때문에 연작을 하기 쉽다. 그러나 간단하게나마 이랑별로 한 종류씩 섞어 심고, 다음해에는 한 이랑씩 옮겨심어 돌려짓기를 한다. 주말 농장을 이용한다면 매해 같은 땅을 배당받지 못하기 때문에 개인 의지대로 안 될 수도 있겠지만, 되도록 작년에 무엇을 심었는지를 파악하고 가능한 다른 작물을 돌려 심도록 한다.

돌려짓기의 이점
- 토양에 병원균과 해충의 축적이 감소된다.
- 다비(多肥) 작물의 양양 결핍 현상이 사라진다.
- 수량이 증가된다.
- 건강한 토양이 만들어진다.

1. 정원용 수목의 특성

이름	수고 (m)	빛 요구도	토양	내한성	이식시기	비고
상록침엽교목						
구상나무	9~12	양	사질양토	강	2하~3상, 10상~11하	우리나라 원산의 아름다운 수종이나 저지대에서는 생육이 좋지 않다. 배수가 특히 양호한 땅이어야 함
소나무	20~30	양	사질양토	강	2하~4하	바늘모양의 잎이 3개씩 모여 나며 잣나무는 5엽송이라 하여 5개의 잎이 같이 묶여 있다.
스트로브잣나무	30	음	사질양토	강	2하~3상, 10상~11하	일반 잣나무에 비하여 잎이 가늘고 부드러우며 수형이 단정하고 성장이 빠름
전나무	40	음	사질양토	강	2하~3중, 10상~11하	크리스마스를 연상케 하는 나무로 그 수형이 원추형으로 아름답다. 잎의 색이 진록색서 회색에 가까운 푸른색을 띠는 종류가 있어 정원수목으로 애용
주목	15	듬	사질양토	강	2하~4하	선주목은 대표적인 상록조경수이며 눈주목은 옆으로 퍼지며 자라 지피식재, 둥근형 독립수로 이용
측백나무	5~10	양	사질양토	강	3중~5하	추위와 공해에 강함. 수형이 원추형으로 울타리용으로 많이 이용
편백	40	음	사질양토	중	2하~3중	편백은 산간지 조경, 방풍림에 많이 이용되는 반면 신종인 황금실편백은 황금실이 늘어진 듯한 질감이 좋은 잎과 색상 때문에 조경의 포인트를 주는 용도로 활용됨
향나무	20~25	양	사질양토	강	3중~5하	내한성, 내공해성이 강하여 생울타리, 공원수로도 많이 이용되고, 전정에 의하여 수형을 자유로이 만들 수 있어 조형 독립수로 애용

낙엽침엽교목						
낙우송	30~50	양	사질양토	강	3상~4상	지름이 2미터에 달하는 큰 교목으로 수습지에 잘 자란다.
메타세쿼이어	25	양	사질양토	강	3상~4상, 10중~11상	성장속도가 매우 빠른 속성수로 공해 및 병충해에 강하다. 습기를 좋아함
은행나무	30	양	사질양토	강	2상~7상, 9상~11중	병충해가 거의 없는 장수목으로 가을의 단풍이 아름다움. 낙엽활엽교목으로 분류한 경우도 있는데 이는 잘못된 분류이다. 나자식물이기 때문에 활엽이 아닌 침엽으로 분류한다.
상록활엽교목						
가시나무	15	중	사질양토	중	5~6	잎의 형태가 밤나무와 비슷하면서도 두텁고 상록성이며 가을에 도토리가 달림
동백나무	10~15	중	사질양토	약	3~5	내한성이 약하여 중부 이북에서는 월동이 어렵다.
아왜나무	10	음	양토	중	5~10	봄에 피는 유백색의 꽃과 가을의 붉은 열매가 관상의 대상이다. 양지쪽에서도 잘 자라고 내공해성과 내염성이 강함
태산목	20	중	사질양토	중	5~6	고무나무와 흡사한 넓은 잎을 가지며 5~6월경에 목련꽃과 비슷한 흰꽃이 가지 끝에서 핀다.
낙엽활엽교목						
감나무	20	양	점질토	강	10~11, 2~3	감나무는 점빌토에서 생육이 좋으나 습기에 약하기 때문에 배수가 잘되는 점질토에 심어야 함
느티나무	25	양	양토	강	10~11, 2~3	수형이 단정하고 수관폭이 넓어 녹음수로 적합
단풍나무	10	중	사질양토	강	10~11	청단풍, 홍단풍, 공작단풍(늘어지는 형) 등의 다양한 조류가 있으며 수형이 아름다워 조경수로서 많이 활용

수종						
모과나무	10	양	사질양토	강	10~11	습기가 있는 사질양토에 잘자라며 가을의 과일이 관상가치가 있음
목련	15	양	양토	강	11상~12상	개화기는 3~4월로 봄꽃의 여왕으로 인정 받는 백색꽃, 황목련, 홍목련, 자목련 등이 있음
목백합	13	중	양토	강	11상~12상, 2상~3상	튤립모양의 꽃이 5~6월에 피며 밀원식물이기도 하다.
배롱나무	5	양	사질양토	강	4~5	일명 목백일홍이라고도 함. 개화기가 7~9월로 여름부터 가을까지 꽃이 피어 정원수로 많이 활용된다. 화색도 흰색, 분홍, 연보라, 홍색 등으로 다양하다.
벚나무	15	양	사질양토	강	10~11	이른 봄 백색 또는 연분홍색 꽃이 나무 전체를 덮으며 봄을 알리는 화사한 화목으로 왕벚, 겹벚, 산벚 등이 인기를 모음
산사나무	6	양	양토	강	11	척박한 땅에 잘 자라는 화목류로 개화기는 5~6월로 늦봄에 피는 흰꽃과 가을의 붉은 열매가 관상대상 이다.
산수유	7	양	양토	강	11~12상	봄을 알리는 노란꽃(3월)이 아름다우며 여름부터 한겨울까지 달려 있는 열매는 차와 약재로 이용된다.
산딸나무	7	반음지	사질양토	중	10~11월	개화기는 6~8월이며 흰색꽃이 많으나 최근에는 붉은 꽃 산딸나무가 큰 인기를 모음
자귀나무	7	양	사질양토	중	10하~11하	콩과식물로 척박한 땅에서도 잘 자람. 개화기가 5~7월인 화목으로 꽃이 아름답고 향기가 좋다.
함박꽃나무	5~10	중	식양토	강	11~12, 3~4	우리나라 깊은 산에 분포되어 있으며 산목련 또는 개목련이라고도 함. 여름철에 건조하지 않은 곳에서 잘 자람

수종	수고(m)	광	토양	내한성	개화/결실기	특성
화살나무	1.5~3	반음	양토	강	4~5	우리나라 산야에 자생하는 나무로서 가을의 빨간 단풍과 열매가 좋으며 줄기에 달린 화살모양의 콜크질 수피가 독특하다.
회화나무	2~5	양	양토	강	10하~11하	웅장한 수형이 시원한 녹음을 제공

상록활엽관목

수종	수고(m)	광	토양	내한성	개화/결실기	특성
남천	3	중	사질양토	중	3~4	송이로 달리는 빨간 열매가 아름답다. 내한성이 비교적 약하여 실외보다 실내조경 소재로 많이 쓰인다.
사철나무	3	음	사질양토	강	5상~10하	생울타리용으로 많이 이용되는 상록활엽수로 전국 어디에서나 식재 가능
호랑가시나무	2~3	양	사질양토	중	5상~10하	변산반도 이남에 자생하는 상록소교목으로 호생의 크고 두터운 혁질의 잎이 특징이다. 백색의 꽃이 5~6월에 피며 열매는 12월경에 빨갛게 익는다.
회양목	0.5~3	중	사질양토	강	5상~10하	건조한 토양에서도 잘 견디며 내한성이 강하고 각종 공해에 잘 견디기 때문에 조경공사에 가장 많이 쓰임
후피향나무	5	중	사질양토	약	5~6, 9~10	제주 및 남해안 도서에 자생한다. 손질하지 않아도 수형이 아름다워 좋은 정원관상수가 될 수 있지만 내한성이 약하여 남부지방에서만 야외에 재식가능. 화분에 심어 관엽식물로 재배

낙엽활엽관목

수종	수고(m)	광	토양	내한성	개화/결실기	특성
개나리	3	중	양토	강	2~3	성장속도가 빠르고 삽목이 잘 된다.
나무수국	1~4	음	점질토	강	10하~11, 12하~3	초여름에 연보라색 꽃이 피며 독립수, 경계식재용으로 재식

명자나무	1~2	중	사질양토	강	10~11	4~5월이 흰색, 분홍, 붉은 꽃이 나무를 뒤덮어 관상가치가 높으며 줄기에 가시가 있고 전정에 강해 생울타리용으로 많이 이용
모란	2	양	양토	강	9~11	햇빛이 부족하면 잎이 무성하고 꽃이 빈약해짐
무궁화	2~3	양	식양토	강	3~4	우리나라 꽃으로 토양 적응력이 강하고 내음성도 높은 편이다. 맹아력도 강하여 강전정에도 잘 견디나 충해의 피해가 잦은 단점이 있다.
박태기나무	3~5	양	식양토	강	11~2	4월 말경에 잎보다 자홍색의 꽃이 먼저 피는 화목류이다.
병꽃나무	2~3	중	사질양토	강	3중~3하	우리 고유 수종으로 4월에 호로병 모양의 쿤홍색, 자주색의 꽃이 핀다. 척박한 토양에서도 잘 자라는 강한 생명력을 지녀 생울타리, 경계식재, 군식용으로 많이 쓰임
수수꽃다리	5	양	사질양토	강	3상~4상, 9하~11상	라일락과 같은 정향나무류이지만 수수꽃다리는 한국, 중국 및 동남아시아 원산이다.
영산홍	2~5	음	양토	강	4~7	개화시기는 3월에서 5월로 다양한 색깔과 모양이 있으며 척박한 곳에서 잘 자람
옥매	1.5	양	식양토	강	2~4상	개화기- 4~5월이며 백색 또는 분홍색 꽃이 탐스럽게 피는 화목류이다.
장미	1~2	양	사질양토	강	10~11, 3상~3하	우리나라 사람들이 가장 선호하는 화목으로 그 종류가 매우 다양하여 여러가지 목적으로 사용된다.
조팝나무	2	중	양토	강	11~12상, 2중~3	4~5월경 흰꽃이 줄기를 따라 달려 나무 전체를 덮음. 생울타리, 꽃꽂이 소재로도 많이 사용

이름						특징
쥐똥나무	2~3	중	사질양토	강	6~7	내한성, 내공해성이 강하고 맹아력, 생명력이 강하며 척박한 땅에서도 잘 자란다. 생울타리용으로 가장 많이 쓰인다.
진달래	2~3	반음지	사질양토	강	2~3, 10~11	전국 각지에서 잘 자라는 우리나라 고유 수종으로 산성토양 및 척박한 곳에서도 잘 자라는 자생수종이다. 강한 햇빛보다 반음지에서 더 잘 자란다.
탱자나무	3	중	양토	중	4하~10하	은은한 꽃향기와 열매가 매력적인 향토 수종으로 줄기에 날카로운 가시가 있어 과수원, 주택의 생울타리에 이용되나 중부 이상의 지방에서는 겨울을 나기가 어렵다.
황매화	2	중	사질양토	강	3상~3하	5월 초순경에 진노랑색꽃이 줄기를 따라 아름다운 선형을 이루는 화목류로 녹색을 띠는 줄기는 잎이 떨어진 겨울철에도 관상가치가 높다.
덩굴성 나무						
능소화	10	양	양토	중	10~11	나팔모양의 주황색 꽃이 여름부터 가을까지 피는 화려한 화목이다. 잎에 독성이 있음을 주의한다.
다래	7	양	습기가 있는 양토	강	3~4, 10~11	달콤한 열매가 달리는 야생종으로 자연상태로 방임하면 가지나 잎이 겹치고 가지가 고사하기도 하므로 겨울철에 정지 작업이 필요하다.
등나무	10	양	양토	강	10하~11, 2하~3중	내한성이 강하며 꽃의 향기가 뛰어나고 수세가 좋아 깊은 그늘을 드릴 수 있기 때문에 파골라 등에 식재한다.

빈카	1~2	음	양토	약	3~4	사계절 푸른 잎에 아름답고 음지에 강하나 내한성이 약한 편이라 실내 조경 또는 남부지역 지피소재로 많이 이용된다. 첫해에 추위에 견디면 경기지방에서도 서식 가능하다.
송악	10	양	양토	중	6중~7상	양지를 좋아하나 내음성도 좋은 편이라 벽면, 경사지 피복식재에 많이 이용된다.
인동덩굴	3	양	식양토	강	6	여름에 백색, 적색, 황색의 꽃이 다름다우며 재래종은 꽃의 향기도 좋다. 도입종은 꽃이 화려하나 향기는 뛰어나지 않다.
클레마티스	4	양	양토	중	2월 상순, 11월 경	으아리가 원예종으로 육성된 것을 총칭함. 흰색, 분홍색, 보라색, 자주색 등 다양한 색깔의 꽃으로 인하여 인기가 높다. 꽃은 품종에 따라 1년생 또는 2년생 가지에서 꽃이 피므로 전정에 유의한다.

빛 요구도
양 : 양지성 식물
중 : 빛을 좋아하나 반음지에도 잘 적응
반음 : 반음지 식물
음 : 음지식물

2. 화단용 주요 초화류의 특성

꽃 이름	초장(cm)	꽃 색	개화기(월)
한해살이			
금잔화	30~40	노랑, 주황	3~6
꽃양배추	30~70	흰색, 자주색의 잎	11~2
데이지	7~15	흰색, 진홍, 분홍	3~6
메리골드 (천수국)	60	노랑, 주황	7~11
백일홍	60	흰색, 노랑, 빨강	6~10
샐비어	60	백, 적, 진보라	6~11
석죽	60	백, 분홍, 적색	5~6
수레국	30~75	흰색, 분홍, 청색	6~7
아게라텀	20	라벤다색, 분홍, 흰색	6~11
일일초	20~60	백색, 분홍	7~9
천일홍	30~50	백, 홍, 자	8~11
팬지	12~15	적, 황, 백, 보라	3~6
페츄니아	30~60	적, 백, 분홍, 보라	5~10
콜레우스	60~90	가지각색의 잎 관상	5~9
플리뮬러	40~50	담황, 분홍, 백, 보라	4~6
한련화	30~50	주황색, 황, 홍	5~10
숙근초			
국화	40~60	백, 적, 황, 분홍	9~11
꽃잔디	10~15	백 분홍색, 연보라	4~5
꽃창포	30~50	백, 자주색	6~8
루드베키아	60~100	노랑색	8~9
마가렛데이지	15~20*	흰색	5~6
숙근 플록스	60~80	백, 분홍, 적	7~8
아이리스(붓꽃)	30~60	자, 백, 황	5~6
옥잠화	30~50	백	8
원추리	20~30*	황, 주황, 적	6~7
작약	60~90	백, 분홍, 적	5~6
접시꽃	150	백, 분홍, 적	6
피소스테기아(꽃범의꼬리)	60~80	백, 보라	7~8

구근류
추파

나리류	80~100	흰색, 분홍색, 황색 등 다양	6~7
무스카리	15~30	푸른색, 자촌, 흰색	3~4
수선화	30~90	백, 황, 담황색	5~6
아네모네	20~30	복합색	4~5
알리움	30~100	연보라색, 자주색, 백색	6
튜립	10~50	백, 황, 적, 적자	4~5
크로커스	10~15	황, 보라	4
히아신스	15~30	백, 분홍, 보라	4

춘파

글라디오러스	60~90	적, 백, 환타색	7~8
다알리아	60~150	가지 각색	6~10
칸나	60~220	적, 황	7~10
아마릴리스	60~80	적색, 연분홍색, 주홍색	6~8

● 마가렛데이지, 원추리의 초장 자체는 짧으나 꽃대가 길게 나오므로
  화단의 앞쪽으로 심으면 초장이 짧은 다른 식물을 가릴 수 있음을 유의
● 초장, 꽃색, 개화기는 품종에 따라 차이가 있으므로 종묘회사의
  카탈로그를 참조하여 설계에 맞는 식물을 선택하도록 함

3. 용어해설

ㄱ
- 가식(假植) : 파종 후 본 포장으로의 아주심기(정식) 이외에 일시적인 옮겨심기 과정을 말한다.
- 경엽(莖葉) : 식물체의 잎과 줄기
- 경토(耕土) : 재배하기에 적합하도록 땅을 갈아주는 작업
- 관수(灌水) : 식물생육에 필요한 물이 부족할 때 인위적으로 물을 주는 것
- 관주 : 토양이나 나무의 주변에 물에 녹인 비료나 농약을 주입하는 방법
- 고사(枯死) : 식물체의 세포, 조직 또는 기관이 어떤 원인에 의하여 이상이 생겨 썩거나 죽는 것
- 군식(群植) : 모아심기
- 기비(基肥) : 파종, 이식을 하기 전에 주는 밑거름

ㄴ
- 내건성(耐乾性) : 식물이 건조에 견디는 성질
- 내서성(耐暑性) : 더위에 견디는 성질
- 내습성(耐濕性) : 토양수분이 과습상태일 때 견디는 성질
- 내음성(耐陰性) : 약한 광선(그늘)에서도 자라는 성질
- 녹비(綠肥) : 녹색식물의 줄기와 잎을 비료로 사용하는 것

ㄷ
- 도복(倒伏) : 식물이 땅 포면 쪽으로 쓰러지는 현상
- 도장(徒長) : 식물이 고온, 약광, 다습, 비료 과용 등의 조건에 의하여 유약하고 길게 웃자란 모습
- 동해(凍害) : 저온에 의해 식물의 조직 내에 얼음이 생겨 받는 피해

ㄹ
- 로젯트상 : 줄기가 거의 자라지 않고 잎이 뿌리에 직접 붙어 있는 것 같이 보이는 생육 상태

ㅁ
- 맹아(萌芽) : 숙근초나 목본식물의 눈이 트는 것
- 멀칭: 짚, 건초 또는 비닐 등으로 식물이 자라고 있는 땅의 표면을 덮어주는 것
- 모구(母球) : 우량형질을 갖추어 번식의 모본이 되는 구근, 새로이 자구가 생성되는 어미 구근
- 목자(目子) : 땅속에 새로 형성된 소구근

- 묘(苗) : 이식용으로 키운 어린 모, 어린나무
- 밑거름 : 씨를 뿌리거나 모종하기 전에 주는 비료

ㅂ

- 반엽종(斑葉種) : 무늬가 있는 종류
- 발근(發根) : 뿌리내림
- 복토(覆土) : 흙덮기. 파종 후 종자가 노출되지 않도록 흙을 덮어주는 일
- 부엽토(腐葉土) : 풀과 나무의 낙엽 등이 썩어서 이루어진 흙
- 북주기 : 포기 밑에 흙을 모아 포기를 고정시키거나 표토에 뿌리가 노출된 경우에 흙을 모아 덮어주는 작업
- 분구(分球) : 구근류에서 구를 나누어 수를 늘리는 방법
- 비배관리(肥培管理) : 토양을 기름지게 하여 식물을 가꿈

ㅅ

- 사양토(砂壤土) : 토성의 한 구분으로 양토(모래와 점토가 반씩 함유된 토양) 중에 모래가 많이 함유된 토양
- 삽수(揷穗) : 삽목하기 위하여 모체로부터 분리한 어린 가지나 뿌리 및 잎을 말하며 삽수는 완전한 식물로 발전한다.
- 속효성(速效性) : 비료, 농약 등의 효과가 살포 즉시 나타나거나 다른 약제에 비하여 효과가 빠른 성질
- 수세(樹勢) : 나무의 세력
- 수태(水苔) : 이끼의 일종으로 보수성이 뛰어나며 잘 썩지 않는 성질 때문에 난을 심는 데 흔히 이용된다.
- 수형(樹形) : 나무의 형태
- 순지르기(摘芯) : 줄기의 끝눈이나 생장점을 제거하여 정단부(정단부)의 우세생장을 억제하고 곁가지의 생장을 촉진시키는 작업
- 실생(實生) : 종자에서 발아하여 생긴 유식물을 실생이라 하며 일반적으로 자엽기 또는 본엽 1매기를 지칭한다. 접목이나 취목, 포복근 등으로 증식한 영양번식체와 구분하여 쓰는 말

ㅇ

- 액비(液肥) : 액체상태의 비료를 통틀어 액비라 한다. 원제는 액상이나 분말상태로 되어 있으며 분말상의 원제는 물에 녹여서, 액체상은 물에 희석하여 원하는 농도로 조절하여 사용하며 엽면살포용으로 많이 쓰이나 토양용, 수경재배용으로도 사용한다.
- 액아(腋芽) : 겨드랑이눈, 식물의 가장 윗부분에 생기는 눈이 정아이고 이보다 아래에 생기는 눈을 액아라 함
- 엽면시비(葉面施肥) : 식물의 영양 보충을 위하여 비료를 물에 희석하여 식물 잎 표면에 직접 뿌려주는 것으로 조기에 효과를 거두고자 할 때 이용됨
- 엽삽(葉揷) : 잎을 이용하는 삽목법

- 엽아삽(葉芽揷) : 잎눈을 절취하여 삽목하는 방법
- 완숙퇴비(完熟堆肥) : 잡초, 짚, 낙엽 등의 유기물을 쌓아 발효시킨 비료가 퇴비이며 쌓아 놓은 유기물의 원형이 사라지고 흙이 된 상태가 완숙퇴비이다.
- 완효성(緩效性) : 비료, 농약 등의 효과가 서서히 나타나는 성질
- 왜성(矮性) : 식물의 키가 그 종(종)의 표준 크기에 비하여 매우 작은 것
- 월동(越冬) : 식물이 겨울을 경과하는 것
- 우상(羽狀) : 잎의 구조, 배치 등이 깃털 또는 깃털 비슷한 모양으로 좌우에 마주 보고 늘어선 배열 상태
- 육묘(育苗) : 양질의 묘를 얻기 위하여 종자나 영양체를 파종 또는 기타 방법에 의하여 정식하기 전까지의 일정기간 동안을 특별 관리하는 과정을 말함
- 일소(日燒) : 일광의 열에 의하여 잎과 같은 식물의 일부가 괴사하는 현상

ㅈ

- 자구(子球) : 인경식물 중 어미 구근에서 새로 생기는 새끼 구를 자구라 한다. 백합, 글라디올러스, 튤립, 히야신스, 마늘, 토란 등에서 나온다.
- 저면관수(底面灌水) : 모세관현상에 의하여 물이 밑으로부터 공급이 되는 물주기 방법
- 적심(摘芯) : 가지 끝의 어린 싹을 따 내는 것으로 너무 웃자라는 것을 막거나 곁가지의 발달을 목적으로 하는 작업
- 적화(摘花) : 꽃가루받이가 끝나 과실이 커지기 전에 꽃을 따내어 식물 자체에 부담이 가지 않도록 하는 작업
- 정아(頂芽) : 끝눈, 식물의 제일 끝부분에 위치하는 눈 또는 싹
- 종구(種球) : 구근으로 번식하는 작물의 씨(구근)
- 지제부(地際部) : 토양과 지상부의 경계부위
- 지피식물(地被植物) : 토양표면을 덮을 목적으로 심는 식물
- 지효성(遲效性) : 약제 및 비료의 효과가 늦은 성질

ㅊ

- 추비(追肥, 웃거름) : 밑거름 이외에 작물의 생육상태에 맞춰 시용하는 거름
- 추대(推薹) : 꽃눈의 분화가 진행되어 이삭이나 꽃대가 올라오는 현상
- 추파(秋播) : 가을에 파종하는 작업
- 취목(取木) : 영양번식법의 한 방법으로 모체에서 바로 새로운 유식물을 유도시킨 후 모체에서 분리하여 묘목을 얻는 방법이다. 모체의 가지를 땅에 묻거나(선취법, 수평법), 모체의 뿌리 부분에 북을 주거나(성토법), 모체의 상부의 일부를 수태 등으로 두르고 비닐로 싸서 습기를 유지하면서 뿌리를 유도시키는 방법(고취법) 등이 있다.
- 측아(側芽) : 가지가 갈라진 부분에 발생하는 싹

- 층적저장(層積貯藏) : 종자의 휴면타다를 위해 하는 저온 처리 방법이다. 수분이 충분히 흡수된 종자를 습한 모래, 톱밥, 피트모스 등으로 켜켜의 층으로 쌓아 저온에 보관하는 방법을 말한다.

ㅌ
- 퇴비(堆肥) : 낙엽이나 마른 풀 등의 유기질이 부패, 발효한 비료. 비료의 3요소 함유는 낮으나 효과가 천천히 나타나며 토양의 물리적 성질을 좋게 한다.

ㅍ
- 포복경(匍匐莖) : 기는 줄기를 말한다. 딸기, 땅콩. 줄기 고구마와 같이 땅위를 길게 뻗어가는 줄기를 말함
- 표토(表土) : 지표면을 이루는 토층

ㅎ
- 한냉사(寒冷紗) : 차광, 방풍, 보온, 온도강하 등의 목적으로 온실이나 하우스에 사용하는 것
- 혐광성종자(嫌光性種子) 발아 할 때 빛을 싫어하는 종자
- 화아(花芽) : 꽃눈
- 화아분화(花芽分化) : 끝눈 또는 옆겨드랑이눈은 장차 잎이 될 원기를 형성하고 있으나 일정한 발육이 끝난 후. 또는 환경 자극에 의하여 잎눈 형성이 중지되고 꽃눈으로 변하는 현상을 말함
- 활착(活着) : 삽목, 접목, 이식 등을 한 식물이 서로 잘 붙거나 뿌리가 내려 제대로 사는 것
- 휴면(休眠) : 성숙한 종자 또는 식물체가 적당한 환경조건이 주어졌는데도 일정기간 동안 발아, 발육, 성장이 일시적으로 정지된 상태
- 휴면타파(休眠打破) : 휴면 상태에서 벗어나 성장이나 활동을 개시하는 현상
- 황화(黃化) : 햇빛을 제대로 받지 못하는 등의 여러 가지 원인에 의하여 식물이 엽록소를 형성하지 못하여 엽록체 발달이 없어 잎이 누렇게 변해가며 생육장애를 가져오는 현상을 말함